这本书属于：
U0288432

感谢我的母亲和父亲，感谢他们在我的心里种下一颗“种子”，感谢道恩·桑德斯、安娜·莱温顿以及邱园和切尔西药用植物园帮助这颗幼苗成长，也感谢塞丽娜和我的朋友看着它开花。大自然，如果你也听得见，也同样感谢你！

——迈克尔·霍兰

献给我珍贵的花朵——尼娜和利奥。

——菲利普·乔达诺

图书在版编目（CIP）数据

我把阳光当早餐 / (英) 迈克尔·霍兰著 ; (意) 菲利普·乔达诺绘 ; 王殊译. -- 福州 : 海峡书局, 2022.2（2022.11重印）
书名原文: I Ate Sunshine for Breakfast
ISBN 978-7-5567-0908-3

Ⅰ. ①我… Ⅱ. ①迈… ②菲… ③王… Ⅲ. ①植物－儿童读物 Ⅳ. ①Q94-49

中国版本图书馆CIP数据核字(2022)第010574号

著作权合同登记号　图字：13—2021—074号

出 版 人：林　彬
选题策划：北京浪花朵朵文化传播有限公司
出版统筹：吴兴元
编辑统筹：冉华蓉
责任编辑：廖飞琴　魏　芳
特约编辑：郭春艳
营销推广：ONEBOOK
装帧制造：墨白空间 · 闫献龙

我把阳光当早餐
WO BA YANGGUANG DANG ZAOCAN

著　　者：[英] 迈克尔 · 霍兰
绘　　者：[意] 菲利普 · 乔达诺
译　　者：王　殊
出版发行：海峡书局
地　　址：福州市白马中路15号海峡出版发行集团2楼
邮　　编：350001
印　　刷：天津图文方嘉印刷有限公司
开　　本：889 mm × 1194 mm　1/16
印　　张：8
字　　数：193千字
版　　次：2022年2月第1版
印　　次：2022年11月第2次
书　　号：ISBN 978-7-5567-0908-3
定　　价：100.00元

读者服务：reader@hinabook.com 188-1142-1266
投稿服务：onebook@hinabook.com 133-6631-2326
直销服务：buy@hinabook.com 133-6657-3072
官方微博：@浪花朵朵童书

安全注意事项：建议在成人的监督下完成本书中提到的一切活动。95%的植物是有毒的，虽然本书提到其中一些，但还有更多是没有提到的。如果你患有包括哮喘在内的过敏症，请避免接触书中提及的那些植物，或接触时戴上手套和口罩。触摸植物后，请一定要彻底洗手。如果你想把植物用作药物，请向草药学家咨询。

浪花朵朵

我把阳光当早餐

[英]迈克尔·霍兰 著 [意]菲利普·乔达诺 绘 王殊 译

海峡出版发行集团 THE STRAITS PUBLISHING & DISTRIBUTING GROUP | 海峡书局

目　　录

第一部分：
关于植物的一切

10 植物为什么很重要？
12 什么是植物？
14 植物器官
16 叶子：一个食物工厂
18 DIY：制作你的植物迷宫
20 花的力量
22 一朵花的结构
24 授粉
26 DIY：瓶中小花园
28 一株植物的诞生
30 流浪的种子
32 DIY：康克戏
34 活化石

第二部分：
植物的世界

38 植物王国
40 幸福的一家
42 DIY：玉米淀粉软泥
44 演化
46 适应
48 极端环境下的植物：炎热和干旱
50 极端环境下的植物：热带雨林
52 生活在水中
54 植物的生存技巧
56 DIY：冰冻常绿植物
58 有毒的植物
60 食物链和食物网
62 那是一个陷阱！

第三部分：

从早餐到入睡

66 我把阳光当早餐——你也是呀！

68 植物饮料

70 刷牙时间到

72 做清洁

74 DIY：保质期项目

76 穿衣服

78 酸甜的味道

80 多彩的世界

82 DIY：树叶画

84 房屋内外

86 铅笔和纸张

88 乐队开始演奏

90 DIY：草叶口哨

92 运动生活

94 DIY：豆袋球

第四部分：

植物的力量

98 巧妙的植物技术

100 DIY：土豆发电厂

102 狩猎并战斗

104 DIY：隐形墨水

106 绿色治疗

108 用植物来表达

110 出发！

112 污染

114 保护我们的地球

116 DIY：本地的生物地标

118 绿色的未来

120 植物之最

122 术语表

124 索引

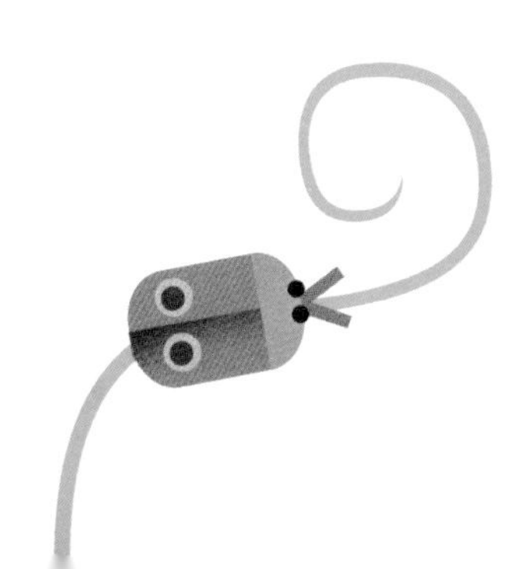

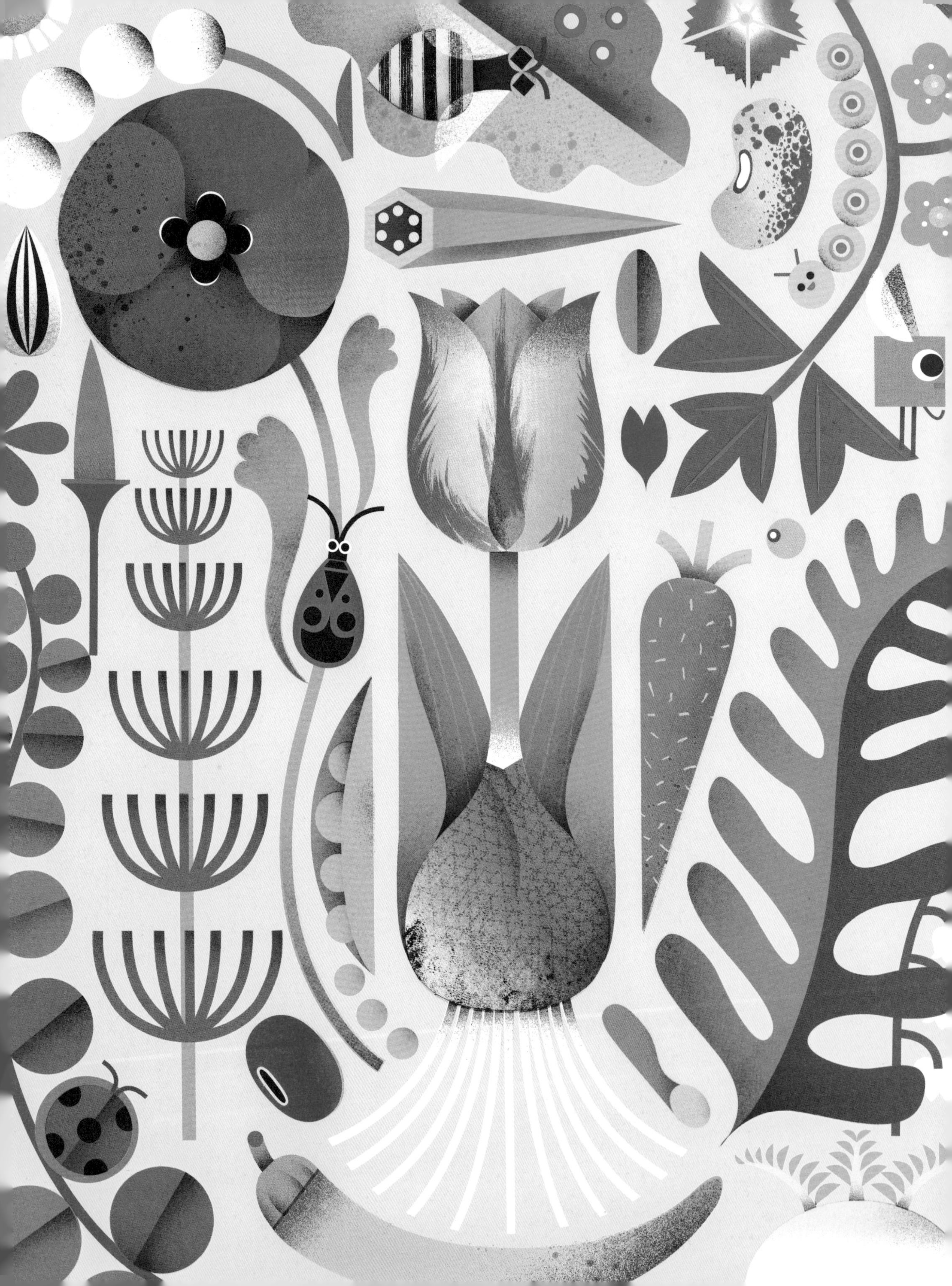

· 第一部分 ·

关于植物的一切

植物对于世界是至关重要的。如果它们消失了，其他所有的生物都不能存活。我们的星球上有超过 400000 个植物物种，这本书将会帮助你从身边的绿叶邻居开始，了解植物的生长过程，认识植物中的“活化石”，熟悉其他关于植物的一切。翻开书，让我们一起来了解神奇的植物吧！

植物为什么很重要？

每一天，我们生活的方方面面都需要植物。从吃的食物到驾驶的汽车，再到使用的药物、穿戴的衣服，一切都离不开植物。没有植物，我们的生活将无法正常进行。

你此时此刻拿在手中的这本书，就是由植物制成的，而且是由很多种植物！这本书中的每一页以及封面可能是由桦树和松树制成，你正在阅读的文字是由大豆（*Glycine max*）油和亚麻（*Linum usitatissimum*）籽油制成的油墨印刷而成，而把这些书页装订在一起的则是棉线和植物胶。

植物几乎触及我们生活中的所有方面。约 428000 种植物生活在地球上，根据文献记载其中对人类有益的大约有 34000 种。人们历时多年去研究植物和它们的用途，创立了专门的学科——民族植物学。

从这本书中，我们将学习到植物到底是什么，它们是如何发挥作用的，人们每天是如何巧妙使用植物的。在这一过程中，你可以动手做，尝试大量有趣的植物实验，让我们开始吧！

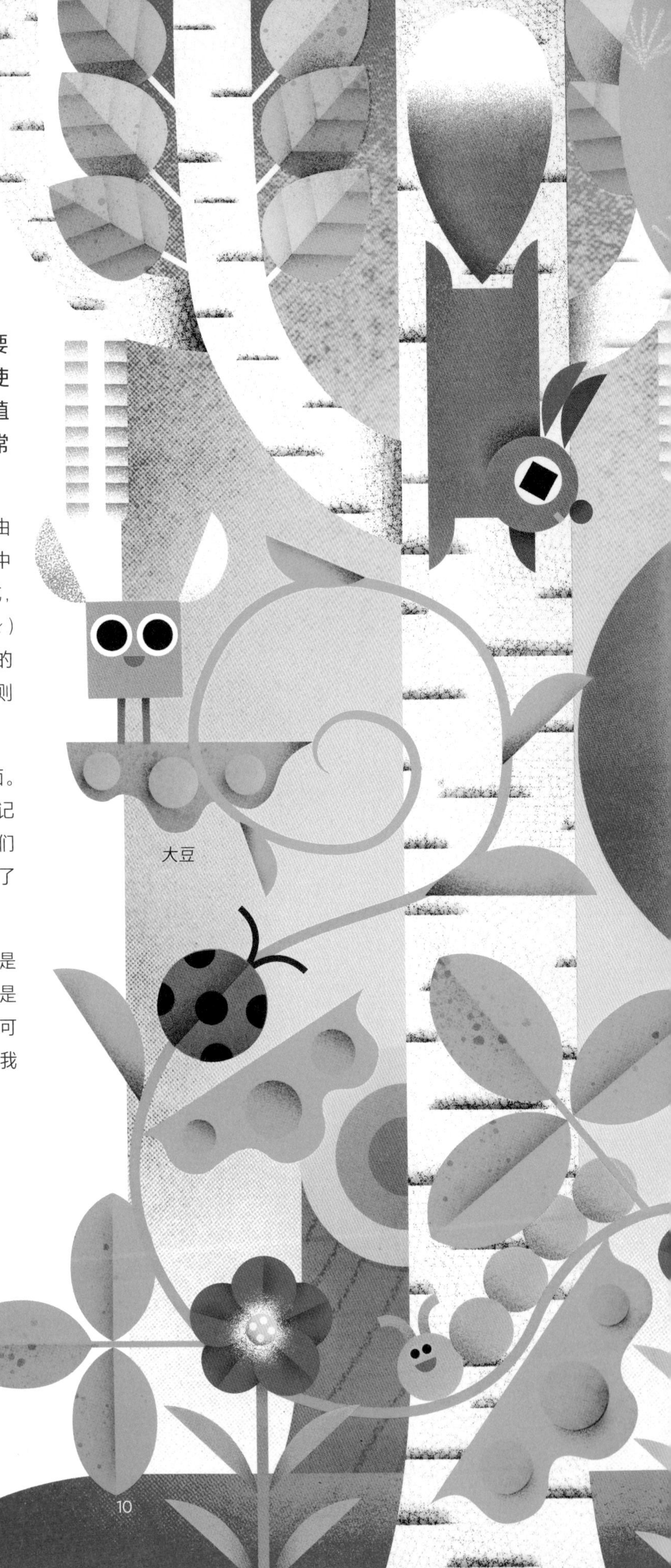

关于植物名称

在本书中，植物的中文名后面附有植物的学名。这样我们能够准确地知道正在谈论的是哪种植物。植物学名由两部分组成，排在前面的是它的属名（有点类似于姓），排在后面的则是它的种名（类似于名），就像这样：

垂枝桦的学名是“*Betula pendula*”。

什么是植物?

植物是一种生命有机体，通常生长在一个固定的地方。植物王国的物种种类繁多，其中包括微小的藻类、美丽的花卉，以及存活千年之久的大树。它们的生存需要利用根吸收水 (H_2O) 和无机营养物质，通过叶子吸收二氧化碳 (CO_2)。植物可以通过光合作用利用光能来制造含糖的食物。植物生存也需要氧气，它们用氧气来分解食物，帮助自身生长 (见本书 16—17 页)。这个过程叫作呼吸作用。

你知道吗？
太阳的能量到达地球只需要 500 秒，
但要从太阳核心到达太阳表面，却
需要 20000 年，这太惊人了！

植物器官

植物的每一个器官负责一项专门的工作。我们仔细观察下面这株罂粟的主要结构，从而深入地了解植物机体是如何运转的。

叶

这些薄且平整的器官含有叶绿体。叶绿体使叶片呈现绿色。叶片帮助植物制造食物。请在本书16—17页学习更多相关知识。

茎

强韧的茎干不仅使植物直立在地面上，而且能够保护其内部自叶片向根部运输糖分、自根部向叶片运输水分的重要运输通道。

根

根负责寻找并吸收水分和无机营养物质，也使植物固定在土壤中。

花

大多数植物会在生命的某个时刻开花，这样它们可以产生种子，种子萌发进而长成更多新的植株。请在本书 20—23 页了解更多花的相关知识。

叶子：一个食物工厂

地球上所有的生命都是一张世界范围内的能量流动网的一部分，能量流动的起点是太阳这颗离地球最近的恒星。植物的叶子有一项惊人的技能——捕捉阳光，用它们制造食物。这被称为光合作用。在光合作用的过程中，叶片把阳光、水、无机营养物质和二氧化碳转化为食物。

吃掉阳光

光合作用的发生从一种叫作叶绿素的绿色物质开始，叶绿素存在于叶绿体中，叶绿体是植物叶子细胞里的一种小小的细胞器。叶绿素吸收来自阳光的能量，把它们储存在碳水化合物（一种糖）中。根从土壤中吸收的无机营养物质也参与这个过程，因此是植物生长所需要的。

呼吸

我们人类吸入的氧气（O_2）是植物光合作用的副产品。因此，没有植物，人类就无法生存！同时植物生存也需要消耗氧气——它们利用氧气来分解光合作用产生的糖类食物。

橡树叶中的叶绿体

如果你的身体像植物一样运转，你的皮肤就会是绿色的！想要吃饭的话，你只需要走到屋外，晒晒太阳，喝点矿泉水，呼吸些空气。

DIY:
制作你的植物迷宫

这项实验很好地演示了植物是如何主动追寻光生长的。当种子被种下，在接下来的几周里，它会萌发并向着光生长直至走出迷宫。植物的这种特性被称为向光性。最好在有充足光照的室内窗台上进行这项实验。

你需要：

- 一个带盖子的大鞋盒
- 硬纸板
- 剪刀
- 豆子（用菜豆比较好）
- 装有混合肥料的直径约9厘米的花盆
- 一个小托盘（或一个广口瓶盖）
- 强力胶带

安全提示：
请成年人帮你开孔。

如何制作迷宫？

1. 在鞋盒的一端开一个孔。

2. 取几张比鞋盒稍宽的纸板，在纸板上面剪一些形状简单的洞。

3. 把纸板放进鞋盒里，用胶布把它们固定，这样纸板和鞋盒就组成了一个迷宫（如图所示）。修剪纸板，不要让它们高出鞋盒。

5. 盖上盒盖，把鞋盒小心地放到窗台上，几周后你会看到一株绿色的植物从鞋盒顶部的孔中冒出来。

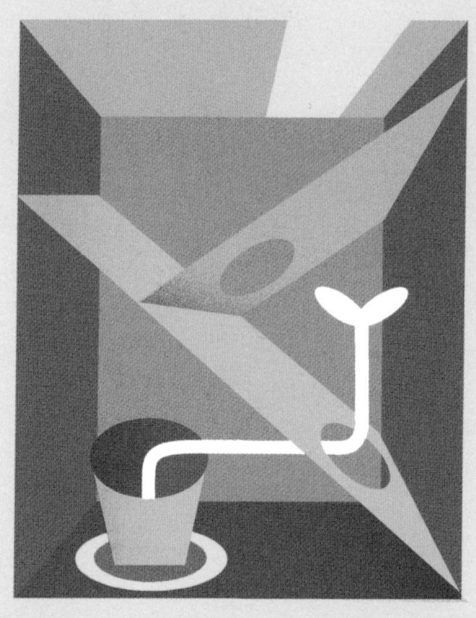

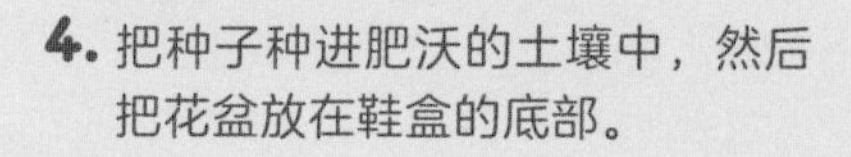

4. 把种子种进肥沃的土壤中，然后把花盆放在鞋盒的底部。

花的力量

花是植物身上参与生殖的器官。虽然花外侧的鲜艳花瓣吸引着昆虫，有时也会吸引鸟，但真正吸引它们的是花朵中间的香甜花蜜。这些受花的外观和气味引诱的动物，也被称作传粉者——它们带着花粉，从一朵花飞落到另一朵花上，帮助植物授粉，使植物能够产生种子。这一切是如何发生的？请在本书 24—25 页中了解相关知识。

报春花
洋蓟
铃兰

一朵花的结构

大多数人对花瓣和花梗都很熟悉，但是关于花朵的各个部分，以及每个部分的作用，我们还有很多需要了解的。现在，我们来仔细看看这朵苹果花。

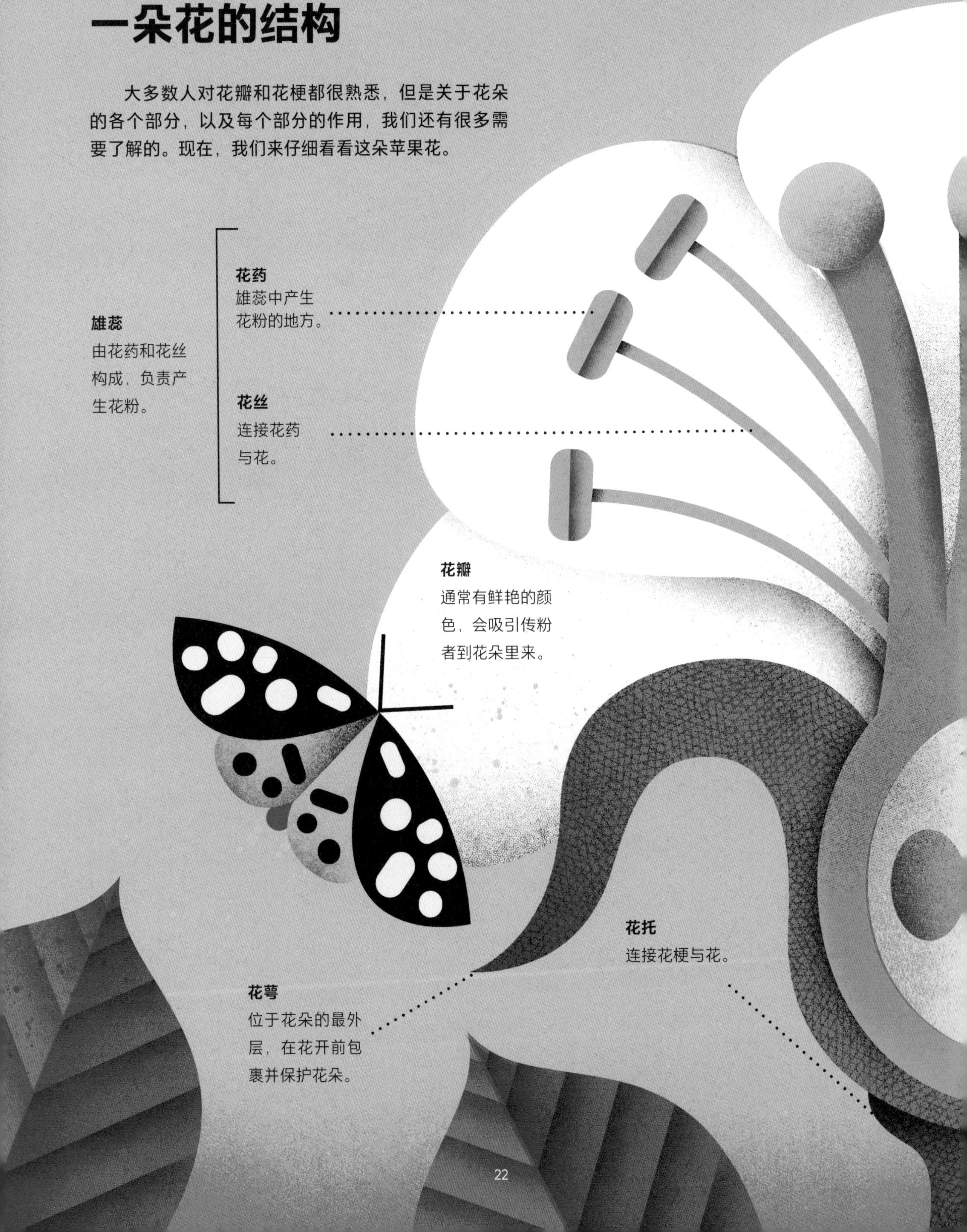

雄蕊
由花药和花丝构成，负责产生花粉。

花药
雄蕊中产生花粉的地方。

花丝
连接花药与花。

花瓣
通常有鲜艳的颜色，会吸引传粉者到花朵里来。

花托
连接花梗与花。

花萼
位于花朵的最外层，在花开前包裹并保护花朵。

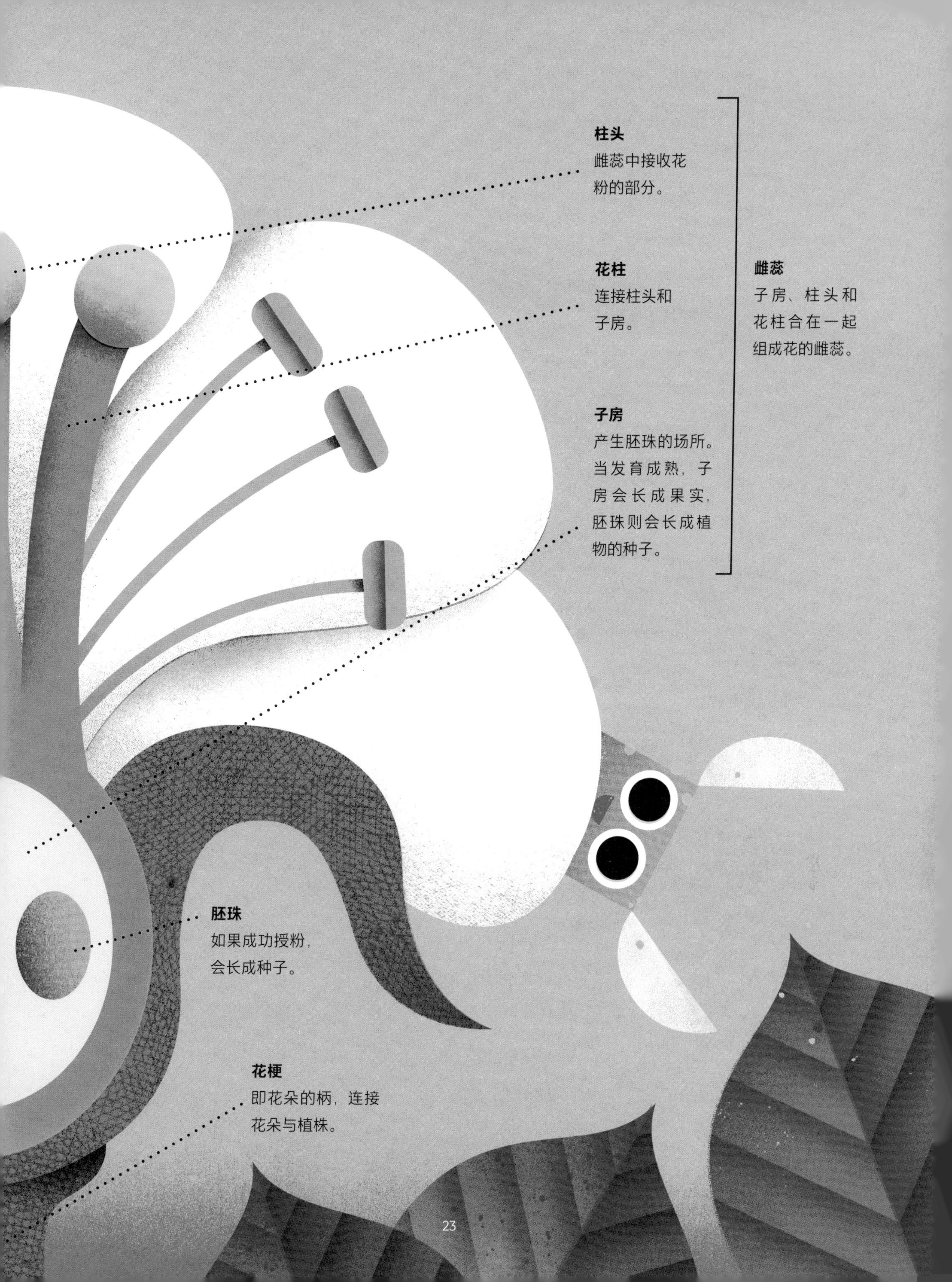
柱头
雌蕊中接收花
粉的部分。
花柱
连接柱头和
子房。
子房
产生胚珠的场所。
当发育成熟，子
房会长成果实，
胚珠则会长成植
物的种子。
雌蕊
子房、柱头和
花柱合在一起
组成花的雌蕊。
胚珠
如果成功授粉，
会长成种子。
花梗
即花朵的柄，连接
花朵与植株。

授粉

授粉是一株植物的花粉从同一朵花的花药转移到柱头，或者从一朵花的花药转移到另一朵花的柱头的过程。授粉后，种子就可以形成，新的植物又可以长出来。有时，当一种植物的花粉传到一株与它亲缘关系非常近的姐妹植物上，一个新的物种就产生了！这属于异花授粉。科学家们利用这种方法创造出花瓣数更多、香气更浓郁、花朵颜色更加鲜艳，或者具有其他特征的植物品种。与这种方式相似，人们会有选择性地培育狗，获得有不同性格和外观的狗类品种。

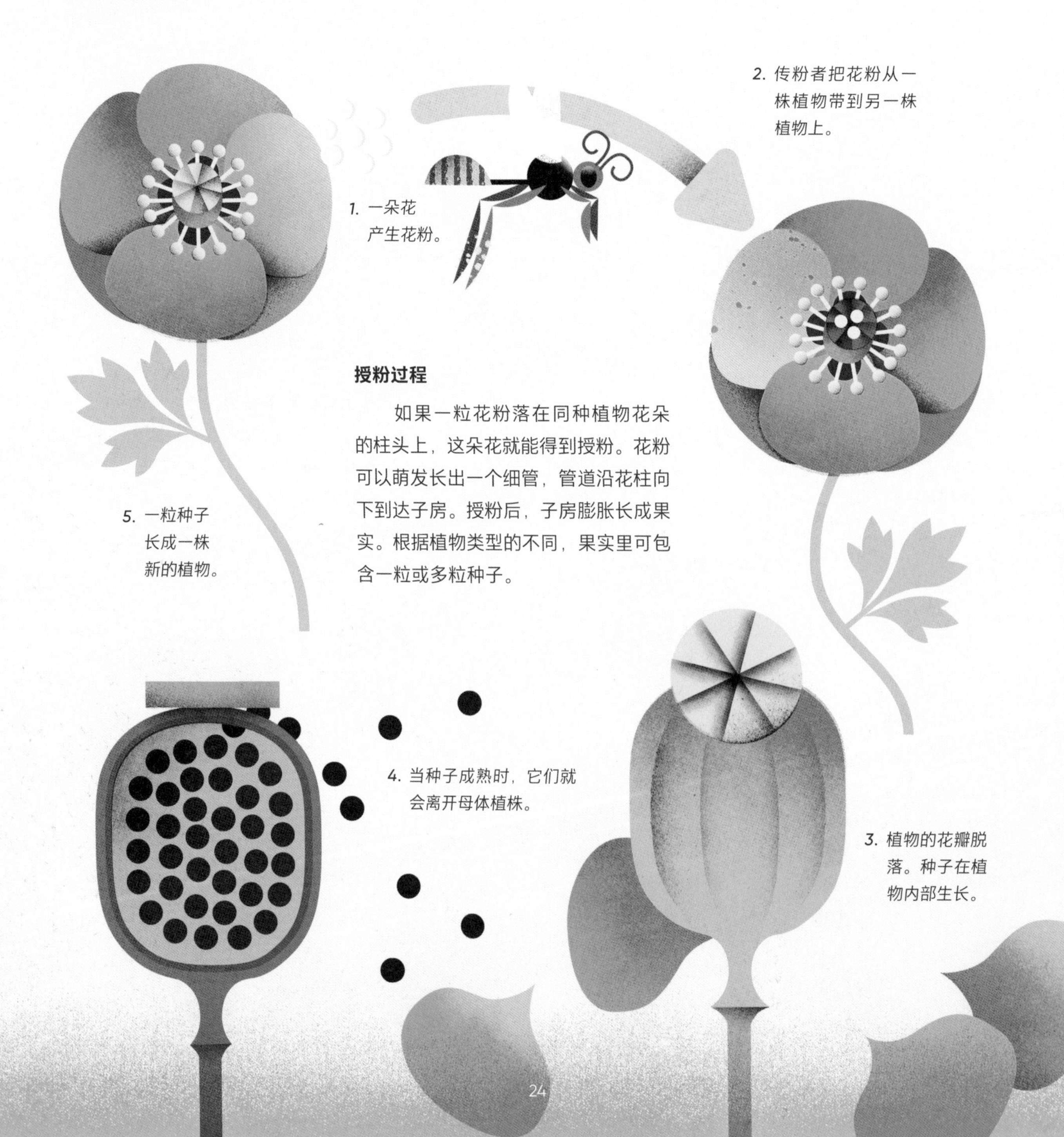

授粉过程

如果一粒花粉落在同种植物花朵的柱头上，这朵花就能得到授粉。花粉可以萌发长出一个细管，管道沿花柱向下到达子房。授粉后，子房膨胀长成果实。根据植物类型的不同，果实里可包含一粒或多粒种子。

蝙蝠在猴面包树的花朵里觅食

传粉者

植物的传粉方式有很多种。也许最被大家熟知的是由动物进行传粉，这些动物包括昆虫、蝙蝠和鸟。它们在花朵里采食香甜的花蜜时，身上会粘到花粉，这样，当它们从一朵花移动到另一朵花时，花粉会被蹭到另一朵花上。你有没有注意到夏天在花丛间“嗡嗡嗡”忙碌的蜜蜂？蜜蜂对于植物的授粉非常重要，因此会被农民“雇佣”为苹果、番茄、杏树和黄瓜等农作物授粉。

蜂鸟正把喙伸向一朵蝎尾蕉花

蜜蜂为番茄花授粉

DIY：瓶中小花园

杂草一般是指生长在“错误”地方的野生草本植物，这是因为它会和生长在“正确”地方的植物竞争。这意味着任何植物都可能成为杂草。杂草的种子可以在土壤中休眠数年，等待理想的环境条件萌发现身——这个实验或许能证明这一点。

你需要：

- 500毫升自然土壤（非商店购买）
- 2升或更大体积的透明塑料瓶（用温水浸泡，去掉瓶身的标签）
- 漏斗或锥形纸筒

如何制作你的瓶中小花园

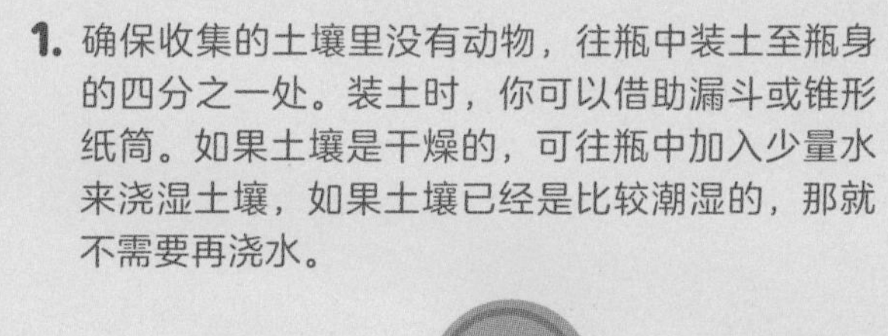

1. 确保收集的土壤里没有动物，往瓶中装土至瓶身的四分之一处。装土时，你可以借助漏斗或锥形纸筒。如果土壤是干燥的，可往瓶中加入少量水来浇湿土壤，如果土壤已经是比较潮湿的，那就不需要再浇水。

2. 把瓶子放在凉爽并且有光照的地方，盖上瓶盖，然后等待。

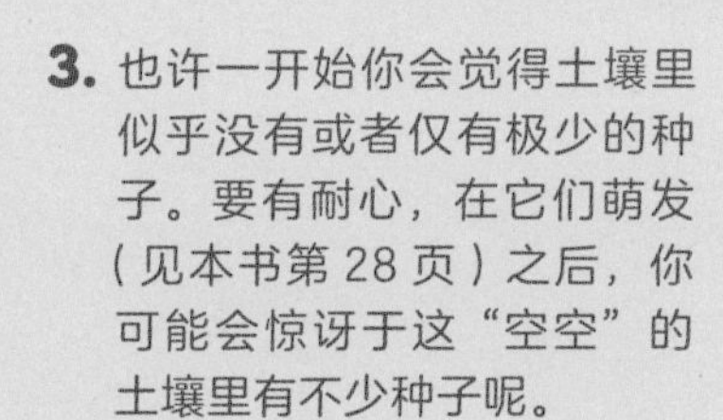

3. 也许一开始你会觉得土壤里似乎没有或者仅有极少的种子。要有耐心，在它们萌发（见本书第 28 页）之后，你可能会惊讶于这“空空”的土壤里有不少种子呢。

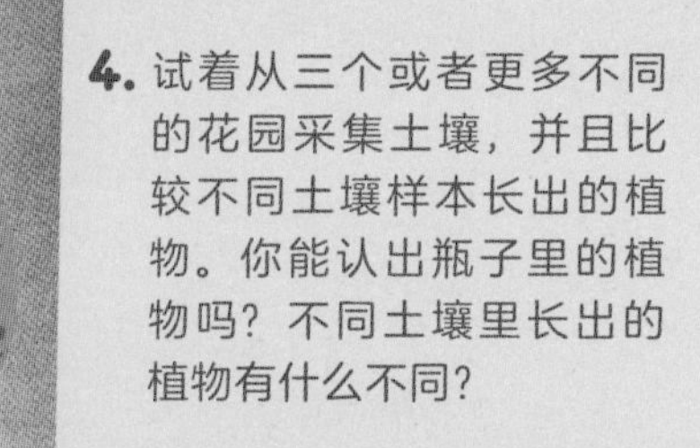

4. 试着从三个或者更多不同的花园采集土壤，并且比较不同土壤样本长出的植物。你能认出瓶子里的植物吗？不同土壤里长出的植物有什么不同？

一株植物的诞生

如果一粒健康的种子在合适的时间被种在适宜的环境里，它就会长成一株新植物。这个过程叫作萌发。种子里含有萌发需要的所有食物。

种皮

种皮裂开，芽长了出来。

根长出根毛并且开始把种子往上推。

根长了出来，并向地下生长。

一粒种子被种在土壤里。

发芽信号

所有的种子都需要相同的条件才能发芽——适宜的温度、氧气、潮湿和黑暗，所以我们需要把种子埋在地下。如果有充足的水和适宜的温度，种子就会开始生长。

种子会适应它们所在的环境。例如，澳大利亚和南非的部分地区经常发生森林火灾，所以生活在那里的植物产生的种子要么需要经过火烧才能从果实中被释放出来，要么需要烟来作为信号提醒种子要开始生长了——这有点像给萌发定的闹钟。山楂的种子有一个坚硬的外壳，它们需要在地下度过两个冬天，然后根才能冲破种皮，嫩芽才能萌发生长。

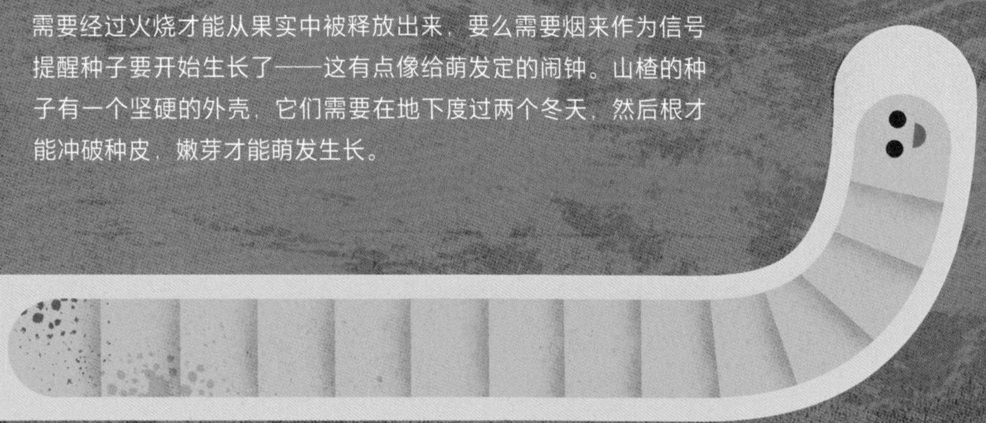

世界上最大的种子

海椰子（*Lodoicea maldivica*）的种子是世界上最大的种子，重达22千克——相当于3个保龄球的重量。它需要5年以上的时间才能成熟，并且只生长在塞舌尔（一个位于印度洋上由许多岛屿组成的国家）的两个岛屿上。

新生的嫩芽长成茎，茎上长出叶子，一株新的植物出现了。

你知道吗？

因为海椰子的种子长得很大并且是棕色的，一些人说它看起来像大猩猩的屁股！

流浪的种子

如果一粒种子落在母体植株的根部周围，然后开始生长，它将不得不与母体植株及周围的其他兄弟姐妹竞争无机营养物质、阳光、水和空间。所以种子需要离开家，才有机会获得更多的生长空间。植物演化出各种各样不同的方式来传播种子——将种子运送到更适宜它们生长的新环境。

风传播

蒲公英（*Taraxacum officinale*）的种子带有标志性的毛茸茸的白色“降落伞”。当种子准备好离开时，风吹动细白的茸毛让“降落伞”飞起来，把种子带到几米开外，或是好几千米远的地方。会飞的种子有很多种，桐叶槭（*Acer pseudoplatanus*）和白蜡树的种子长得类似直升机的旋翼片，可以随风旋转。桦树种子穿着一层薄薄的“外衣”，可以借助风滑翔。

水传播

椰子长得真是非常大，它们通过海洋传播种子！毛茸茸的外部“救生衣”不仅帮助它们漂浮在水面，而且在它们随着水流前往新陆地的旅途中把海水阻隔在种子外面，有时它们会旅行数百千米。在许多热带海滩，我们经常可以看到椰子树苗。

有些种子没能在旅途中存活下来，在传播过程中它们可能破裂、被烧焦或是被吃掉。这就是为什么植物需要产生大量的种子。并不是所有的种子都能长成植株并开花结果，传播更多的种子。那么，种子是如何传播的？虽然种子来自不能行走的植物，但它们可以像人类一样“旅行”。

动物传播

动物能帮助散播种子，因为它们喜欢四处活动。许多植物的种子包裹在美味的果实里。动物吃了这些果实后，种子会留在动物体内，最后跟着粪便一起被排出体外。樱桃或番茄的种子有非常坚硬的外壳，这些种子经过动物的消化液分解，落地时更容易发芽。

牛蒡果实使用不同的方法传播种子。包裹着种子的果实表面有钩刺，能钩附在动物的皮毛上，做长途旅行。维克罗（一种尼龙搭扣）的设计师就是从牛蒡果实中获得的灵感。这也是一个仿生学（见本书第 73 页）的例子。

喷瓜

牛蒡果实

弹射传播

有些种子可以自己移动！嗯……差不多算是吧。有些植物的豆荚或蒴果*干燥后会突然炸裂，将种子弹射到空中，这被称为弹射机制。这种现象可以在一些豆类植物或金缕梅的豆荚扭曲裂开时看到。喷瓜（*Ecballium elaterium*）可以把种子喷射出 6 米远。

* 蒴果是一种干果，由多个子房合生而成，内含多枚种子，成熟时，会裂开。——编者注

DIY：康克戏

这个游戏非常适合秋天在温带地区玩，因为在秋天，七叶树会掉落很多种子，当你摇晃七叶树的时候一定要小心哦！

你需要：

- 一根绳子，或是一根鞋带（长约30厘米）
- 一些七叶树的种子
- 锥子（用来打孔）
- 一起玩的朋友

如何制作你的“康克”

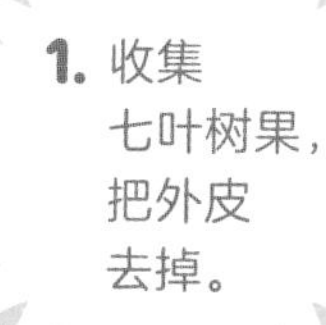

1. 收集七叶树果，把外皮去掉。

2. 用锥子从上至下在七叶树种子上打一个洞。请成年人帮助你做这件事。

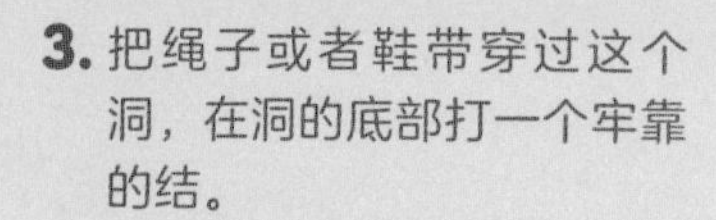

3. 把绳子或者鞋带穿过这个洞，在洞的底部打一个牢靠的结。

4. 重复上述步骤，这样你的朋友就会有一个可以跟你一起玩的“康克”。

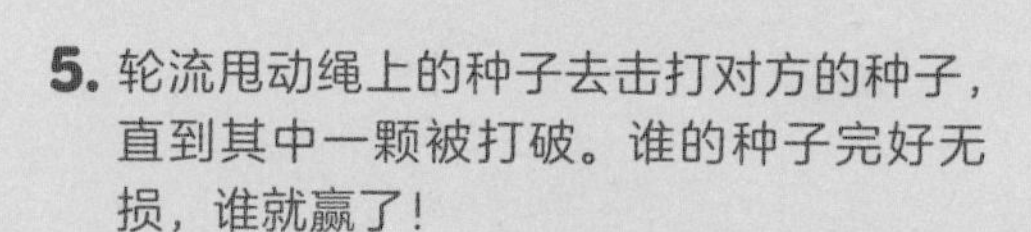

5. 轮流甩动绳上的种子去击打对方的种子，直到其中一颗被打破。谁的种子完好无损，谁就赢了！

安全提示：

甩动时请注意不要往别人头部甩——让种子始终保持在肩膀以下，并且不要甩动得太用力！

活化石

有些现存的植物已经在地球上生活了很长时间，甚至恐龙也曾经在这些植物中生活。这些幸存者中有一些是非常不可思议的。

在今天，古老的植物仍然会在一些令人意想不到的地方出现。例如，电影中的爆炸特效就是利用石松粉末制造出炽烈燃烧的效果，海藻可以使奶油冰激凌变得更浓稠，地衣也可以被用来做染料，还有包括银杏和木贼在内的许多植物都被用作药物。下面有一些藻类，它们在植物演化之旅的早期出现，并且在植物演化中发挥重要作用。

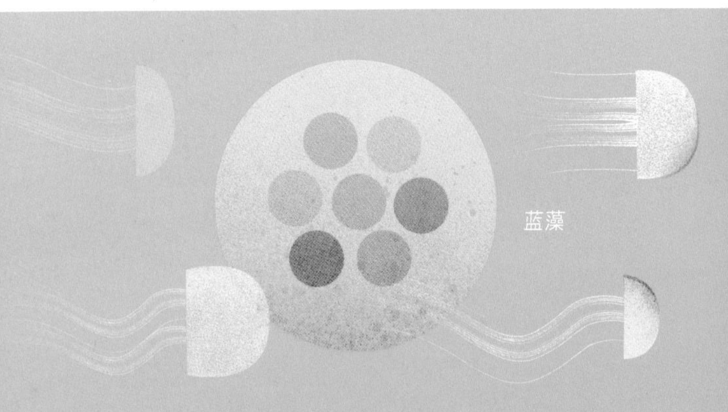

蓝藻

古老的藻类

约 6.5 亿年前，第一批植物演化出现。在这之前，生活在海洋中的单细胞蓝藻呼出氧气，氧气在大气中慢慢地积累，从而让体形更大的生物得以演化出现。直到今天，这种藻类仍然在不断地产生氧气，是地球上最有益的生物之一。蓝藻细胞直径不到 0.1 毫米，但它们可以很快地繁殖，不久就能产生大量的后代，扩散数千千米。

凤尾杉

微小且惊人

有一种淡水藻类仅仅由一个细胞组成，它就是硅藻。尽管在显微镜下硅藻看上去小小的，但是它们的形状却千奇百怪。当你在显微镜下观察它们时，你可以真实地看到它们向着光游去。

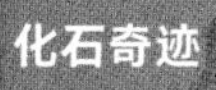

化石奇迹

凤尾杉（*Wollemia nobilis*）和银杏（*Ginkgo biloba*）已经在地球上生活了数亿年，从已经发现的这些树的古老化石可以看出，过去的它们和现在长得一模一样！

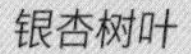

·第二部分·

植物的世界

即使植物不太喜欢它生长的地方（因为太热、太冷、风太大、太干燥或太潮湿），它也没有办法，不能走路、跑步或爬行到另一个更好的地方。如果一个物种不能适应生长的环境，它就有可能会灭绝。植物已经演化为能在一些非常具有挑战性的环境中生存，所以在地球这个可爱的星球上，几乎到处都能发现它们的身影。就像动物一样，植物也有各种各样的外形、大小以及不同的生存方式。

植物王国

世界上的每一种植物都起源于数亿年前的同一类植物，与动物适应环境的方式一样，植物也通过一个被称为演化的过程，反复尝试，不断失败，直到刚好适应环境（见本书 44—45 页）。

植物系谱树

在这张图中，两种植物之间的距离越近，它们的关系就越密切。例如，薄荷和番茄之间的亲缘关系要比它们和睡莲之间的亲缘关系更近。在这棵系谱树中，底部的植物比顶部的植物更早地出现在地球上。

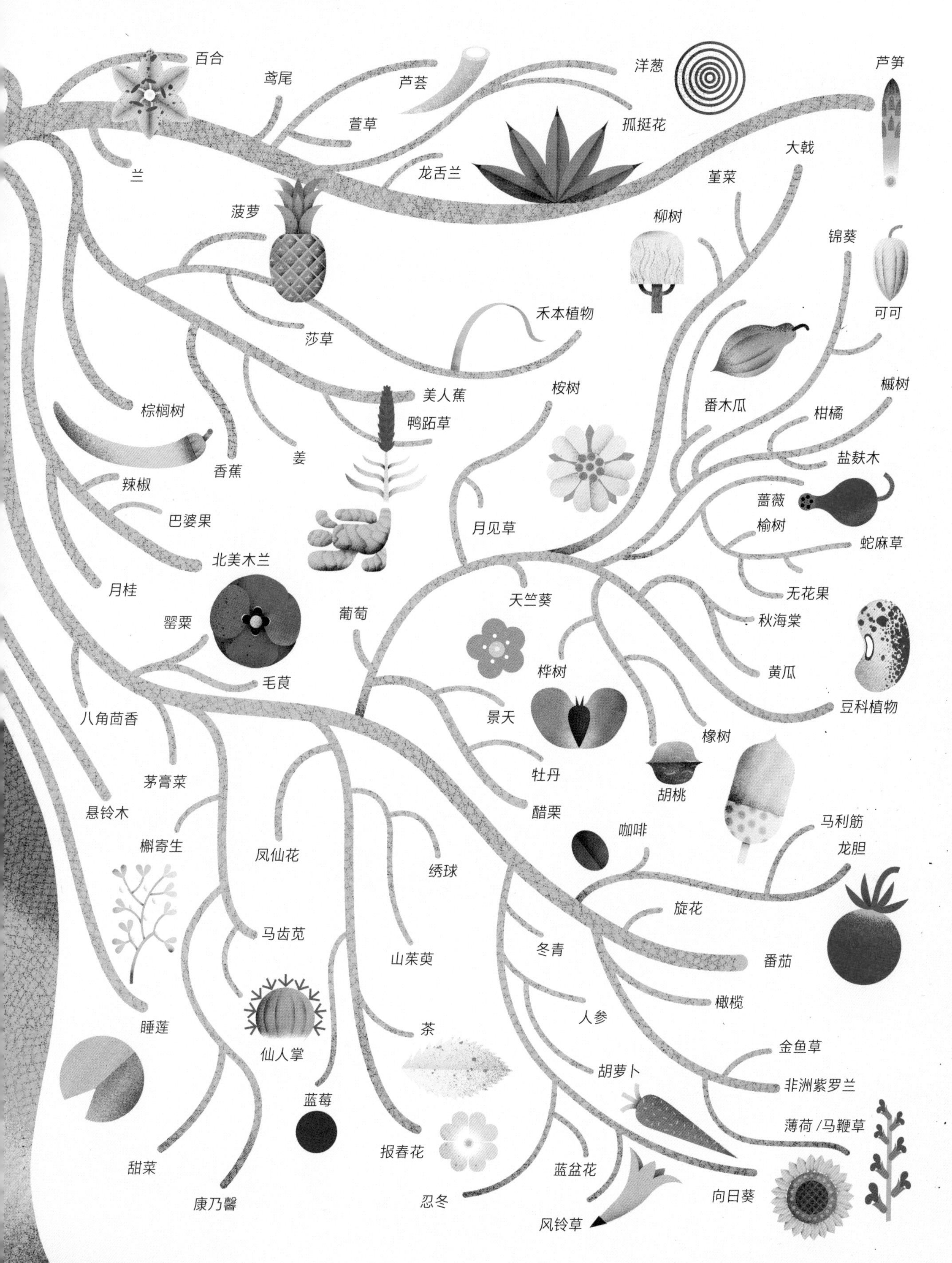
百合
鸢尾
芦荟
洋葱
芦笋
萱草
孤挺花
兰
龙舌兰
大戟
堇菜
菠萝
柳树
锦葵
禾本植物
可可
莎草
美人蕉
桉树
槭树
棕榈树
鸭跖草
番木瓜
柑橘
姜
香蕉
盐麸木
辣椒
蔷薇
巴婆果
月见草
榆树
蛇麻草
北美木兰
月桂
无花果
天竺葵
罂粟
葡萄
秋海棠
毛茛
桦树
黄瓜
八角茴香
景天
豆科植物
橡树
茅膏菜
牡丹
胡桃
悬铃木
醋栗
马利筋
槲寄生
凤仙花
咖啡
龙胆
绣球
旋花
马齿苋
山茱萸
冬青
番茄
橄榄
睡莲
人参
茶
仙人掌
金鱼草
胡萝卜
非洲紫罗兰
蓝莓
薄荷 /马鞭草
甜菜
报春花
蓝盆花
向日葵
康乃馨
忍冬
风铃草

幸福的一家

分类学家是对生物进行分类的科学家。他们根据植物的相似程度把它们分成不同的类别。你可能对有些植物很熟悉并在日常生活中使用它们，却不知道它们实际上是关系很近的亲戚。

蔷薇家族

蔷薇家族包括玫瑰、苹果、梨、桃子、李子、油桃、扁桃、草莓、黑刺李、覆盆子、榅桲、樱桃、杏等。

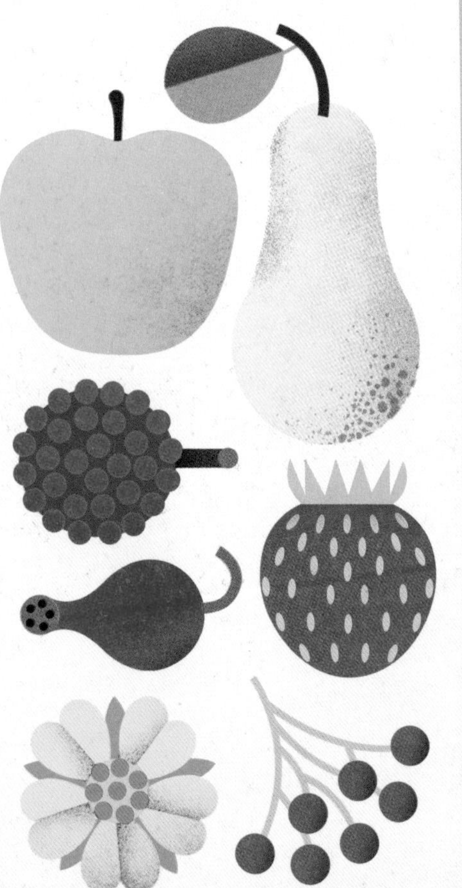

茄子家族

茄子家族包括马铃薯、番茄、茄子、烟草、颠茄、天仙子、欧茄参（曼德拉草）和辣椒等。

唇形花家族

唇形花家族有薄荷、罗勒、迷迭香、百里香、香蜂花、甘牛至、牛至、薰衣草等。

豆子家族

豆子家族有菜豆、大豆、蚕豆、棉豆、豌豆、花生、兵豆、酸豆等。

葫芦家族

葫芦家族包括黄瓜、西葫芦、小刺黄瓜、甜瓜、笋瓜、丝瓜、南瓜和葫芦。

禾草家族

禾草家族包括芦苇、甘蔗、水稻、燕麦、小麦、大麦和谷子。另一种属于禾草家族的农作物是玉米（甜玉米是其中的一个品种）。

DIY：玉米淀粉软泥

玉米是禾草家族中用途非常多样的一种植物。在本次实验中，我们将用它来制作神奇的软泥！玉米淀粉软泥是一种特殊的液体，它有着不同寻常的特性。

你需要：

- 一些精细玉米淀粉（250克）
- 水（300毫升）
- 一些食用色素
- 一个木勺
- 一个碗

天然食用色素：

姜黄=黄色

甜菜根粉=紫色

菠菜粉=绿色

安全提示:

如果你患有哮喘，请在倒玉米淀粉时戴上口罩。因为这些粉末会引发肺部不适。

如何制作软泥：

1. 把玉米淀粉倒入碗中。

2. 慢慢地倒水进去，然后搅拌直到淀粉糊看起来和摸起来像是蛋奶冻。

3. 加入大约 15 滴液体食用色素或一茶匙天然食用色素并搅拌。

4. 现在按压这碗混合物！它会变得越来越黏稠。这是因为这些黏液非常特殊，不像大多数流动的东西，当压力施加在上面，它反而会变得更黏稠。

5. 把你的天然软泥装在密封的容器里，然后放进冰箱，这样可以保存很长时间。

演化

就像人和其他动物一样，植物也有不同的外形和大小，并练就了多种生存本领，能够在地球的各种不同而且具有挑战性的环境生存活。植物的多样性是通过一个被称为演化的缓慢过程而产生的。

查尔斯·达尔文

19 世纪，博物学家查尔斯·达尔文首次提出“通过自然选择演化”的理论。演化是生物在一代又一代中逐渐改变的过程，这些改变包括生物的外形和行为。生物从父母那里遗传这些变化，例如，你可能从父母那里遗传眼睛或头发的颜色。达尔文对各种生物都很着迷，从食肉植物到蚯蚓，他研究各种生物。

雀的灵感

1835 年，达尔文访问了太平洋上的加拉帕戈斯群岛，研究了雀喙的大小和形状。他提出一个理论：各自长着不同喙的几种雀是从同一种雀演化而来，这样可以适应不同的食物类型。这些雀，有的以昆虫为食，有的以坚果为食，有的以花为食，有的甚至会使用工具——一些鸟像我们人类一样，使用植物制成的工具。

拟鴷树雀用树枝从树洞里把昆虫叉出来吃。

共同的祖先雀

莺雀用细长的喙来捕食昆虫。

小地雀吃小种子、花和嫩芽。

大地雀的喙很结实，可以用来咬碎大种子。

植食树雀吃树叶和水果。

适应

植物会因为被吃掉、光照不足、缺少水分或者生病而死亡。多亏了演化，地球上才有各种各样的植物。植物能够适应不同环境，这让植物拥有强大的生存能力，从而能够存活更长时间来生产种子。植物也把这些适应能力传递给了后代。

幸存者

在过去的几十亿年里，生物通过繁殖把它们的特性传递给后代。在这个过程中，一些生物因为没有办法适应环境而灭绝了。

地球环境的每一次变化都给生物带来了新的挑战，这意味着不同的生物有可能继续存活，也有可能死亡。正是通过这样一个过程，生物从一些简单的单细胞植物和动物，演变成在化石记录中可以看到的以及现在生活在我们身边的丰富多样的生命。

你知道吗?

大约在 2.52 亿年前，地球上的生命有 90%—95% 在一次被称为大灭绝的事件中灭绝了。人们认为火山爆发产生的火山灰遮住了阳光，从而导致很多植物灭绝。但不知道什么原因，有些植物却存活下来，包括开花植物的祖先。

极端环境下的植物：炎热和干旱

在沙漠中，每年的降雨量不足 250 毫米，植物要么能够在水分很少的条件下生长，要么能够储存水分。生活在沙漠的植物因为需要储存水分，茎或叶子膨胀变大，这些植物被称为肉质植物，有些肉质植物可以在没有水的情况下存活 100 天。

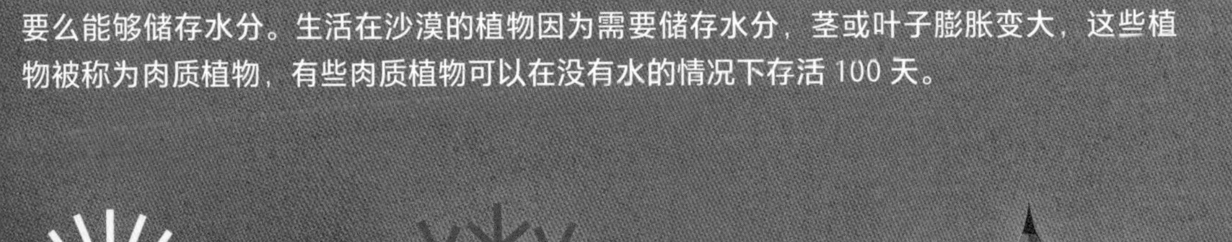

棘手的家伙

仙人掌是最著名的肉质植物之一，最初生活在美洲大陆。它们长着厚厚的绿色肉质茎，茎里充满了水分，茎上面的叶子已经缩小变成刺。这些刺通常是白色的，有些仙人掌的刺非常密集地聚在一起，用来反射阳光——就像一种天然的防晒霜，这样能帮助植物降温，避免宝贵的水分散失。

深深地扎根

另一种应对水分稀缺的方法是让根一直向下延伸，直到可以够得着地下水——这个深度对大多数植物来说是不可能到达的。人们发现，一些沙漠植物的根长达 50 米。然而另一些植物的根选择贴近地表，向四周伸展，这样当干旱许久，雨水最终降临，它们可以尽可能多地吸收水分并储存起来。

夜晚的空气

每当植物要吸入二氧化碳时，它会打开被称为“气孔”的小孔。如果正好生长在一个非常炎热的地方，那么植物打开气孔就要冒着失去宝贵水分的风险，所以许多沙漠植物选择在晚上吸收二氧化碳，并把它储存起来，用于白天的光合作用。试着张大嘴巴吸气、呼气，一分钟后，看看你的嘴有多干。

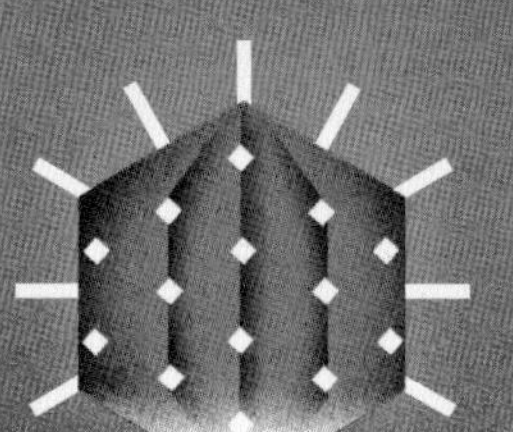
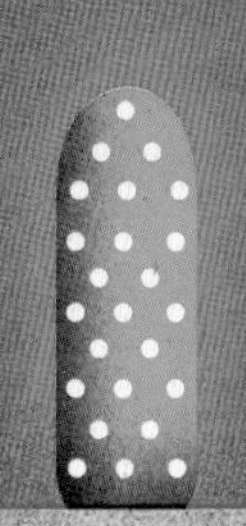

生活在影子里

在沙漠中保持凉爽的一种方法是生活在高大植物的影子里。这些遮阴的植物被称为“护士植物”。在北半球，植物的北侧地面接收到的阳光较少，因此成为躲避强烈太阳光的好地方。

你知道吗?

居住在沙漠里的人能通过沙漠植物寻找深层地下水，也能确定肉质植物的生长地点，把肉质茎挖出来挤汁液喝。

鳞叶卷柏
干燥状态（左图）和
吸收水分后（下图）

植物僵尸

复苏植物生长在炎热干燥的地方，在一年中的大部分时间里看起来都是枯死状态。一旦下雨，它们就会迅速吸收水分，恢复生命力。很多复苏植物在几小时或几天内就会开花结实。其中一种复苏植物是耶利哥的玫瑰，或称鳞叶卷柏（*Selaginella lepidophylla*）。它是一种蕨类植物，把它放进一碟水里，它的茎叶会迅速伸展开。

极端环境下的植物：热带雨林

想象你住在地球赤道地区的丛林里，在那里太阳每天早上 6 点左右升起，晚上 6 点左右落下，全年的降雨量在 2000 到 2250 毫米以上，那里不像热带以北或以南地区，没有那些地区的生物所经历的不同季节。

特殊的叶子

生活在多雨地区的植物会遇到这些问题——如果叶子太湿，它们就会发霉；如果太阳出来时雨滴停留在叶子上，它会像放大镜一样汇聚阳光，灼伤叶片。为了适应环境，一些植物长有可以分流雨水的叶子。许多热带植物的叶子表面光滑，中间有排水沟，末端有尖尖的“水滴尖”。

攀登者

许多植物为了阳光和养分而竞争，以至于一些植物演化为附着（附生植物）或攀爬（攀缘植物）到其他植物上生活。附生植物紧紧地抓住它们依附的树干，悬在空中的根可以从空气中吸取水分。攀缘植物会缠绕在一棵高大的树上，不断地向上延伸，寻找阳光。

由于温度适宜，再加上频繁的降雨和规律的日照，热带雨林里的植物生长茂盛，地球上一些生物多样性最丰富的生态系统也因此演化出现。热带雨林中有许多新的食物和药物有待我们去发现，但由于耕地侵占、燃料供给需求、道路建设和城市发展等，热带雨林正迅速遭到破坏。我们可能正在失去一些人类从未知道的重要植物资源。在我们还能为之努力的时候，积极地保护热带雨林是非常重要的。

昏暗中的居住者

在热带森林里，靠近地面的区域可能非常昏暗，所以一些像秋海棠这样的地面植物有一项特殊的技能——茎叶的背面是红色或紫色的，这样的背面就像镜子一样，阳光穿透叶片照射到红色背面，会被反射回来，再次穿过叶子，这样叶绿体就获得了双倍的太阳光。

支撑的根

由于降雨不断，热带雨林的土壤层特别薄，养分也很贫瘠。许多植物长出“板根”或“支柱根”。这些又粗又宽的根不但可以防止植物倒下，也能保证它们从土壤中吸收足够的养分。

生活在水中

人们认为，所有的植物都是从水生植物演化而来的，经过数亿年的时间，植物的结构越来越复杂。正是因为最初的植物是生活在水中的，相较于陆地植物，演化而来的水生植物有着天然的优势。生活在水中有一个好处是，由于水的升温和降温速度比空气慢，所以水生植物不会像陆地植物那样在昼夜之间经历快速的温度变化。这些植物的叶子和茎可以从周围环境中吸收无机营养物质和水分，根将它们固定在湖泊、池塘、河流或海洋的底部。

漂浮者

阳光中的红色光对植物非常有用，但水把它过滤掉了，只留下蓝绿色光。为了让植物叶片浮在水面上，或更接近阳光充足的水面，水生植物可能会有气囊（在一些海藻中可以看到）或者茎中有气室。

植物的生存技巧

地球上的温带地区位于赤道热带地区的南北两侧，有四季的变化——春、夏、秋、冬。即使植物生活在温带地区，所在的栖息地有足够的生存空间和光照，如草地、森林或田地，它们也需要一些特殊的技巧才能脱颖而出。

高效的安排

许多植物，包括向日葵，把叶子有策略地安排在高高的茎秆周围，不让叶子完全遮挡住下面的另一片叶子。这有助于温带植物充分利用阳光，尤其是在随着季节变化日照时间变短的时候。

幸存的野草

地球上大约 40% 的土地是草原。饥饿的食草动物不断地吃草，所以草逐渐演化出顽强的生存能力，能够从埋得深、分布广的根系中重新长出来，甚至火灾后它们也能再长出来！草的茎很柔韧，所以在刮风的天气里也不会折断。

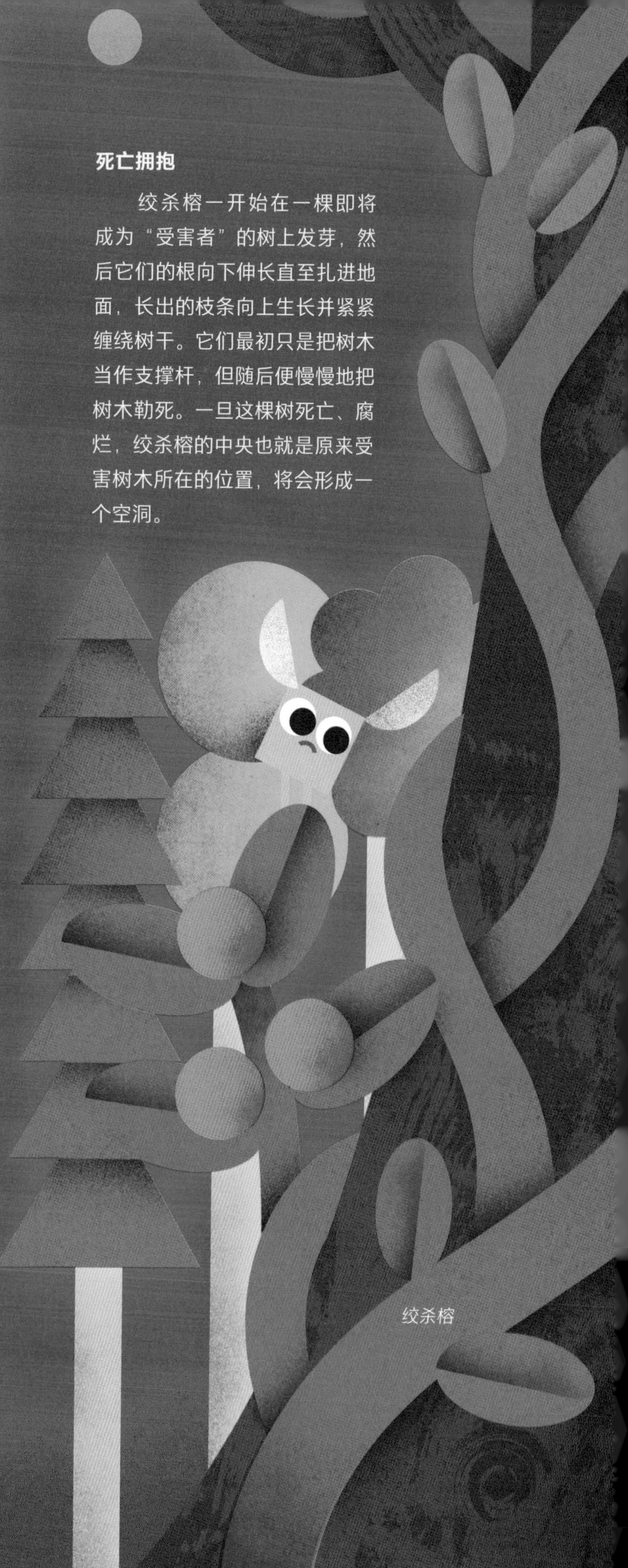

死亡拥抱

绞杀榕一开始在一棵即将成为“受害者”的树上发芽，然后它们的根向下伸长直至扎进地面，长出的枝条向上生长并紧紧缠绕树干。它们最初只是把树木当作支撑杆，但随后便慢慢地把树木勒死。一旦这棵树死亡、腐烂，绞杀榕的中央也就是原来受害树木所在的位置，将会形成一个空洞。

做“贼”的植物

菟丝子和槲寄生是植物中的“寄生虫”，它们侵入其他植物，偷走其他植物通过光合作用产生的含糖汁液。菟丝子甚至没有叶绿素，它的整棵植株只是一个不断寻找养分的茎根系统。

DIY：冰冻常绿植物

这项奇妙的科学试验将展示冰冻对落叶树和常绿树的影响。

落叶树包括枫树、橡树、橘子树、杨树和山毛榉等。

常绿树包括冷杉、松树和柏树等。

你需要：

- ▢ 两根带叶子的落叶树枝条
- ▢ 两根带针叶的常绿树枝条
- ▢ 冰箱

如何冰冻：

1. 将一根你收集的落叶树树枝和一根常绿树树枝，放进冰箱里冷冻几个小时。

2. 把剩下的落叶树树枝和常绿树树枝在室温下放置相同的时间。

常绿树的叶子相对落叶树的叶子更加硬挺，它们的叶子已经适应寒冷的环境。

3. 把树枝从冰箱里拿出来。你注意到了什么？一旦树枝解冻，你会发现：常绿树的叶子看起来没什么变化，但落叶树的叶子变了。

落叶树的叶子变黑变软，里面的细胞已经破裂。

有毒的植物

世界上有大约 428000 种植物，但专家认为其中只有 5% 是可食用的。为什么大多数植物有毒？

毒性保护

与动物不同，植物在受到攻击时不能逃跑。为了保护自己，有些植物长着刺或茸毛，这让它们变得不容易被吃到或口感不好。更多的植物在用看不见的方式保护着自己：它们含有尝起来苦涩、辛辣或酸的化学物质……有些物质甚至可以致人死亡！

选育食物品种

即使一种植物可以安全食用，不会让人生病，并不意味着它的味道很好！我们在商店里买到的食物是人类为了更好的味道和更丰富的营养，在几千年里不断进行选育的结果。我们的祖先很久以前吃的是这些植物的野生近亲，可能味道并不怎么样。

在古代的墨西哥，人们几千年前就开始选择种植品相、味道更好的玉米。所以，玉米逐渐变得更大、更饱满、更甜也更美味。

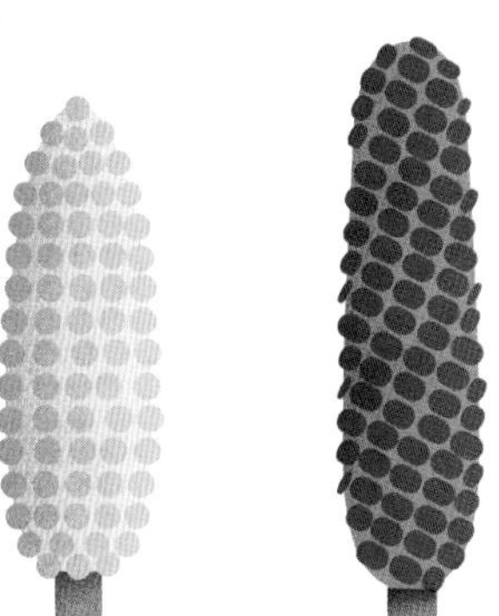

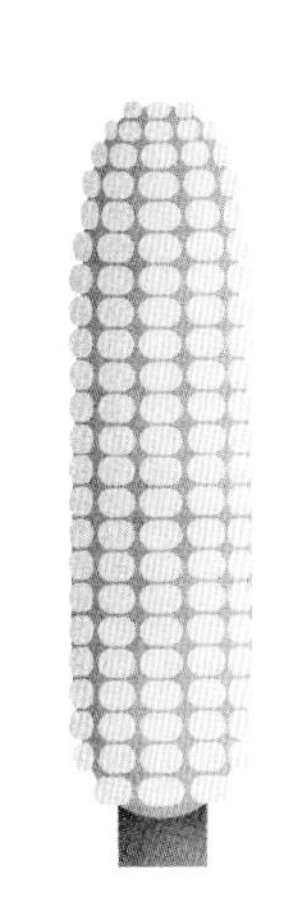

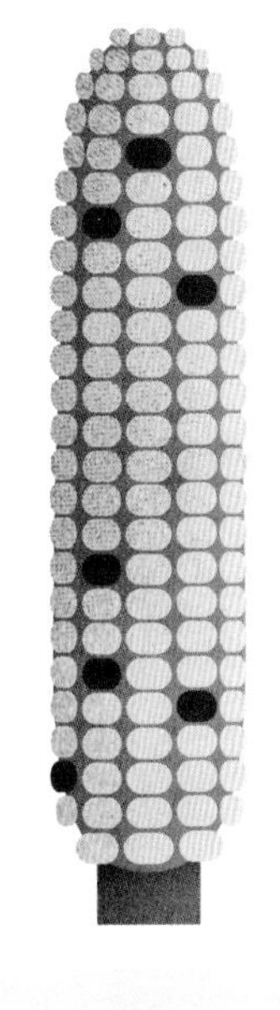

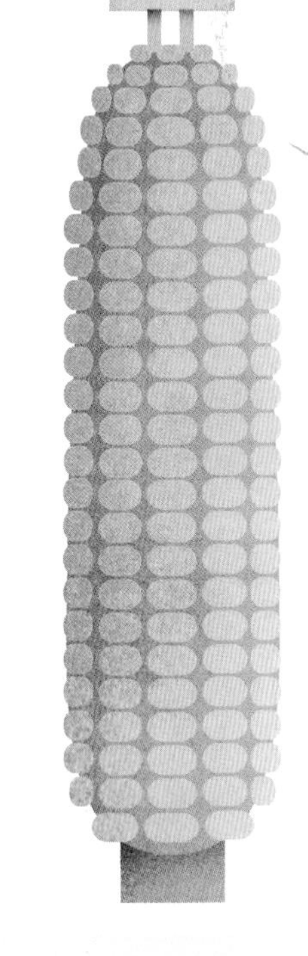

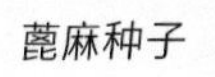

蓖麻种子

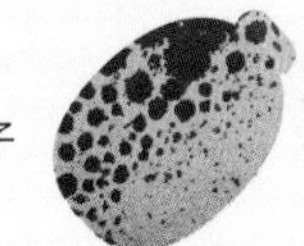

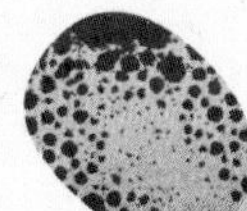

蓖麻

有害或有益

蓖麻（*Ricinus communis*）含有一种有用的油，可以舒缓湿疹、帮助消化。然而，它的种皮中含有一种叫作蓖麻毒素的致命化学物质，这是世界上毒性最强的物质之一，可以杀死一个人且不留下任何痕迹。如果你遇到这种植物，请一定远离它！

食物链和食物网

人类和其他动物不能直接从阳光中获得能量，所以必须以植物或其他动物为食才能生存。太阳光的能量通过食物链流动，从植物到植食动物，再到捕食它们的肉食动物，就这样依次传递。大多数食物链不超过 4 个或 5 个营养级，因为每一级的能量都会有一部分以热（人类通过皮肤散失）和粪便的形式流失。

当一条食物链与许多其他的食物链连接在一起时，我们就有了一个完整的食物网。让我们通过这幅图，来看看食物链和食物网是如何工作的。

这个食物网中的一层
被称为一个营养级。

* 蓝山雀喜欢吃树芽和种子，也喜欢吃昆虫，所以既是植食动物，又是肉食动物。——编者注

那是一个陷阱！

生活在河流边、沼泽中的植物，其根部的养分往往会被水冲走。为了弥补损失，一些植物演化出引诱和捕捉昆虫的能力。这些植物通常被称为食肉或食虫植物。你可以把它们想象成吸血鬼，因为它们实际上并不是吃掉猎物，而是喝掉！有两种类型的植物可以做到这一点：一种是可以动的植物（活动陷阱），另一种是不能动的植物（固定陷阱）。

活动陷阱

捕蝇草（*Dionaea muscipula*）也许是最著名的"活动陷阱"植物。它的叶子可以像书页一样合起来，叶子底部有美味的花蜜，叶子边缘有敏感的刺毛，当苍蝇或其他昆虫落在上面时，这些刺毛能感觉到并触发叶子迅速合上把昆虫困住，然后植物的消化液会充满闭合的叶子。

捕蝇草

茅膏菜

黏糊糊的结局

茅膏菜有黏黏的叶子，看起来像是上面覆盖着小水滴。当一只苍蝇落在"水滴"上，想要喝水时，它才发现这些水滴实际上是非常黏的。苍蝇被粘住无法脱身，慢慢就饿死了，叶子会慢慢地裹住苍蝇，开始吮吸它的汁液。恶心！

固定陷阱

瓶子草是一种“固定陷阱”植物，它的叶子像中空的冰激凌蛋筒。叶子的顶部有诱人的花蜜，能吸引苍蝇和其他昆虫过来吃。但这不是普通的花蜜，它实际上是一种安眠药。这种植物的筒状叶的边缘有蜡，非常光滑。吃了花蜜而昏昏欲睡的昆虫会滑倒、掉进叶子里，无法出来，因为筒状叶片的内壁上覆盖着倒向下方的茸毛，这让逃脱变得很难。更糟糕的是，叶子的底部还有消化液，筋疲力尽的昆虫会淹死在其中。接下来，昆虫渐渐被溶解，当其他昆虫也掉进来，它们就混在一起成为美味又有营养的昆虫奶昔。

瓶子草

* 第三部分 *

从早餐到入睡

从早晨醒来的那一刻一直到夜晚入睡，植物都为我们的生活提供必需品。如果仔细观察，你会发现从吃饭、呼吸这样的基本活动，到我们选择的不同休闲方式，我们一直被植物包围着。

我把阳光当早餐——你也是呀！

当你在吃早餐的时候，在花园、街道、邻居家，甚至你的沙发后面，无数的用餐场景也正在上演。从微生物到无脊椎动物再到小型哺乳动物和鸟类——大家都得吃东西。

如果你今天早上碰巧吃了一碗早餐麦片，那么你基本上吃了一大堆捣碎的禾草植物种子——可能有玉米、小麦、燕麦、大米和黑麦等。大多数早餐麦片都含有糖，这些糖要么来自甘蔗（*Saccharum officinarum*），要么来自甜菜（*Beta vulgaris*）。

你可能早餐吃了涂有黄油或果酱的烤面包片。如果是这样，那你吃了一些小麦（或者黑麦、燕麦、大麦，这取决于你喜欢吃什么样的面包）、草莓或树莓、糖和油——来自植物或动物。把你的早餐以食物链形式呈现出来是这样的：

植物饮料

早餐时你喝东西了吗？
大多数的饮料是由植物制成的，下面是一些例子。

茶

人类饮茶的历史有5000多年了。茶现在是排在水之后世界上最受欢迎的饮料，土耳其人爱喝茶，他们的人均饮茶量比其他任何国家的都要多。在中国，敬茶可以用来表示对长辈的尊敬，也可以用来在婚礼上表达歉意或感恩。茶对身体非常有益：它含有抗氧化物，能帮助控制人体内的胆固醇量，加速人体新陈代谢。据估计茶里有1500种不同类型的物质。

咖啡

根据传说，有一天，一群埃塞俄比亚牧羊人在照看羊群时，注意到山羊在吃一些不知名的豆子。那天晚上，山羊精力充沛，熬夜不睡。牧羊人采摘并品尝这些豆子后，发现这些豆子对他们也有同样的刺激作用，咖啡就这样“诞生”了。这种由小粒咖啡（*Coffea arabica*）以及其他品种咖啡的种子制成的咖啡饮料非常受欢迎，因为它里面含有咖啡因，能让我们保持清醒。

热巧克力

可可（*Theobroma cacao*）是巧克力的主要成分。在大约 3500 年的时间里，人们把可可粉与玉米淀粉和香料混合，作为一种饮料饮用。阿兹特克人相信可可豆是智慧之神羽蛇神送给人类的礼物。可可豆中含有一种能让我们感到快乐的化学物质！

果汁

果汁中含有丰富的营养成分，对人体有益。果汁有助于保护人体的免疫系统、细胞和器官，因为里面含有对人体有益的维生素。橙子、苹果、葡萄、蔓越莓、葡萄柚和番茄榨出的果汁最受欢迎；你也可以用蔬菜如甜菜根、豆瓣菜和芹菜榨汁，并适当添加一些香草或香料，如欧芹和生姜。

刷牙时间到

牙膏中含有一些植物提取物。很多牙膏是薄荷味的，而且大多含有一种叫作纤维素胶的木浆（没错，就是将树木捣烂形成的），用来把牙膏中的各种原料粘连在一起。玉米粉（由磨碎的玉米种子制成）也经常被用来做粘连物使用。

使用竹牙刷

据估计，一个人一生中平均要用300把牙刷。不幸的是，它们中的很多最终会被扔进海洋或垃圾填埋场，而制造它们的塑料需要长达1000年的时间才能分解！竹牙刷是一种更环保的替代品，它是由天然的、可生物降解的材料制成的，这些材料包括竹子、木炭和蓖麻油。

树枝制成的牙刷

在中东和非洲的部分地区，许多人用一种叫作米斯瓦克（“miswaks”的音译）的树枝刷牙，这种树枝来自一种被称为牙刷树（*Salvadora persica*）的植物。这种植物的木质粗糙，含有能够杀死细菌的化学物质以及能够保护牙釉质的氟化物。

植物伙伴

在卫生间的镜子里看看自己。你是谁？你叫什么名字？你的朋友又叫什么名字？

或许你的名字中带有萱（萱草）、芷（白芷）、蕙（蕙兰）、蕊（花的组成部分）、梓（梓树）、芙蓉（莲花）、蕾（花苞）、菡萏（莲花）、芸（芸香）、堇（堇菜）、樱（樱花）、海棠（海棠花），又或者你认识叫这些名字的小伙伴。

做清洁

当你洗碗时，你可能会用塑料刷。但在用塑料制作刷子之前，人们使用一种叫作假叶树（*Ruscus aculeatus*）的植物，这种植物的枝叶柔韧而且有尖刺，非常适合擦洗东西。另外一类可当刷子用的植物是木贼，甚至有一种木贼就叫作冲刷草。

莲花效应

莲花（*Nelumbo nucifera*）在佛教和印度教中是一种神圣并具有象征性的植物。它生长在浑浊的水中，但浮出水面时美丽的粉红色花朵和绿色的叶子干净得闪闪发光。莲花有一个狡猾的小秘密——它的叶子表面有许多微小的凸起，这些凸起使得灰尘很难留在叶子上，而是附着在水滴上，直接从叶子上滚下去。这是一种能自我清洁的叶子！

莲叶上的水滴

莲花的这种特性给科学家带来了灵感，他们由此发明了用在建筑物外墙的自清洁涂料，以及用于汽车玻璃和头盔镜片的永不潮湿和起雾的玻璃或塑料。这是一个绝佳的仿生学的例子，仿生学是一门从自然界“复制”生物体的某种结构用于人类的创造活动的科学。

DIY: 保质期项目

我们每天扔掉很多可以再次使用或再生的东西。试着从你吃的食物中收集一些种子，并保留几个打算扔掉的瓶瓶罐罐，用它们来造一个升级再利用的花园。我们称这个想法为“保质期项目”。这个项目最初是由英国伦敦的切尔西药用植物园开发的，并且计划在世界各地推广。

如何建造你的升级再利用花园：

花生

只要花生未经过烘焙，就可以萌发生长。你需要给它们一定的温度，并且记住花生是在土壤里面结出来的。四个月后翻一下土壤，看看花生长得怎么样。

土豆

拿一个空的薯片包装袋，往里面装大约三分之一左右的混合肥料，然后放进一颗小土豆（土豆的块茎），再用更多的土把包装袋装满。保持土壤湿润，看看接下来会发生什么！

姜

生姜在温暖的室内很容易发芽生长。将姜块埋在沙质的混合肥料中并保持土壤湿润。你需要一个宽一点的花盆，因为姜喜欢横向生长。

你需要：

- ☐ 空罐子、瓶子和包装袋（用剪刀在底部挖个排水的孔）
- ☐ 水
- ☐ 混合肥料
- ☐ 保鲜膜
- ☐ 任何可以种植的东西！可以看看下面的这些例子。

小贴士：在容器底部放一些沙砾或碎石，这样不仅可以降低重心防止容器翻倒，而且有利于排水。

安全提示：小心易拉罐锋利的边缘，为了安全起见，请用绝缘胶带把边缘包好。

柑橘类水果

往罐子里装约四分之三的湿润的混合肥料。把柠檬、橘子、小蜜橘或葡萄柚的种子撒在表面。给罐子覆上保鲜膜，放置在温暖的地方。几周后，小嫩芽就会出现。

鳄梨（牛油果）

把鳄梨坚硬的种子放在水里浸泡一个晚上。找一个罐子，把种子插上牙签固定好，使种子下半部分浸入清水中。定期换水，看看会发生什么。

番茄

直接从番茄里或园艺中心获得番茄种子。最好选用矮生品种（植株长得比较矮小），因为番茄植株通常能长得相当高大。番茄在罐头瓶或空纸盒甚至空番茄酱瓶里面都可以长得很好！

穿衣服

洗完澡的你，看看镜子里的自己，难道不是到了该穿衣服的时候？数千年来，许多植物的丝状纤维被人用来制作衣服。收获植物纤维以后，人们把纤维纺成长长的线，然后织成布料。

研究发现，人们为了时尚而不仅仅为了保暖穿衣服，这在人类历史的早期就已经出现。用细细的亚麻（*Linum usitatissimum*）纤维织成的布料，早在公元前 3000 年左右就被埃及人用来制作法老的殓衣。

你知道吗？

制作木乃伊时使用芬芳的薰衣草（*Lavandula angustifolia*）可以使发霉的木乃伊闻起来味道好一些。薰衣草是一种温和的镇静剂，可以帮助人们入睡。薰衣草油也能缓解轻微烧伤引发的疼痛。

树皮和竹子

树皮也可以制成布料，比如构树（*Broussonetia papyrifera*）和乌干达的一种榕树——纳塔尔榕（*Ficus natalensis*）的树皮。竹子制成的布料是非常柔软的，能够让皮肤“呼吸”、不容易出汗，所以这种布料制作的袜子正是脚臭人的最好选择！

棉花

棉花的果实（棉桃）中有细丝，每一根细丝是一个非常非常长的细胞。这些细丝可以用在纺织品、口香糖、纸币和纸张的生产中。人们可以用棉花种子榨的油烹饪食物或制造肥皂、蜡烛、人造黄油以及塑料等产品。

椰子

椰子（*Cocos nucifera*）和其他棕榈植物的纤维可以制成线或绳子。酒椰树有很长的叶子，这些叶子可以用来制作垫子、篮子、鞋、衣服和帽子等物品。

荨麻

带刺的荨麻如异株荨麻（*Urtica dioica*）和大麻（*Cannabis sativa*）可以用来造纸和制作布料，也可以用来制药。

酸甜的味道

当你在棉花制成的床单上醒来后，你可能会走进浴室，使用含有植物的肥皂和洗发水。最早有记录的肥皂是用在植物中发现的名叫皂苷的化学物质制成的（一些动物身上也含有皂苷）。现代的许多肥皂中都含有橄榄油。

搓出泡泡

一些植物具有天然的肥皂属性，如肥皂草（*Saponaria officinali*）、皂百合和丝兰。把它们切碎，涂在手上就可以揉搓出泡沫。人们通常会在香皂中添加植物油如橄榄油、椰子油、澳洲坚果油和鳄梨油，因为这些植物油可以使皮肤变得细嫩光滑。

皂百合

肥皂草

令人愉悦的气味

几千年来，人们都会在宗教仪式上焚烧香木，如乳香木。人们还把花压碎来制作香水。香水中的精油成分通常是非常昂贵的，因为制作一茶匙玫瑰精油就需要大约 2.5 吨玫瑰花瓣。

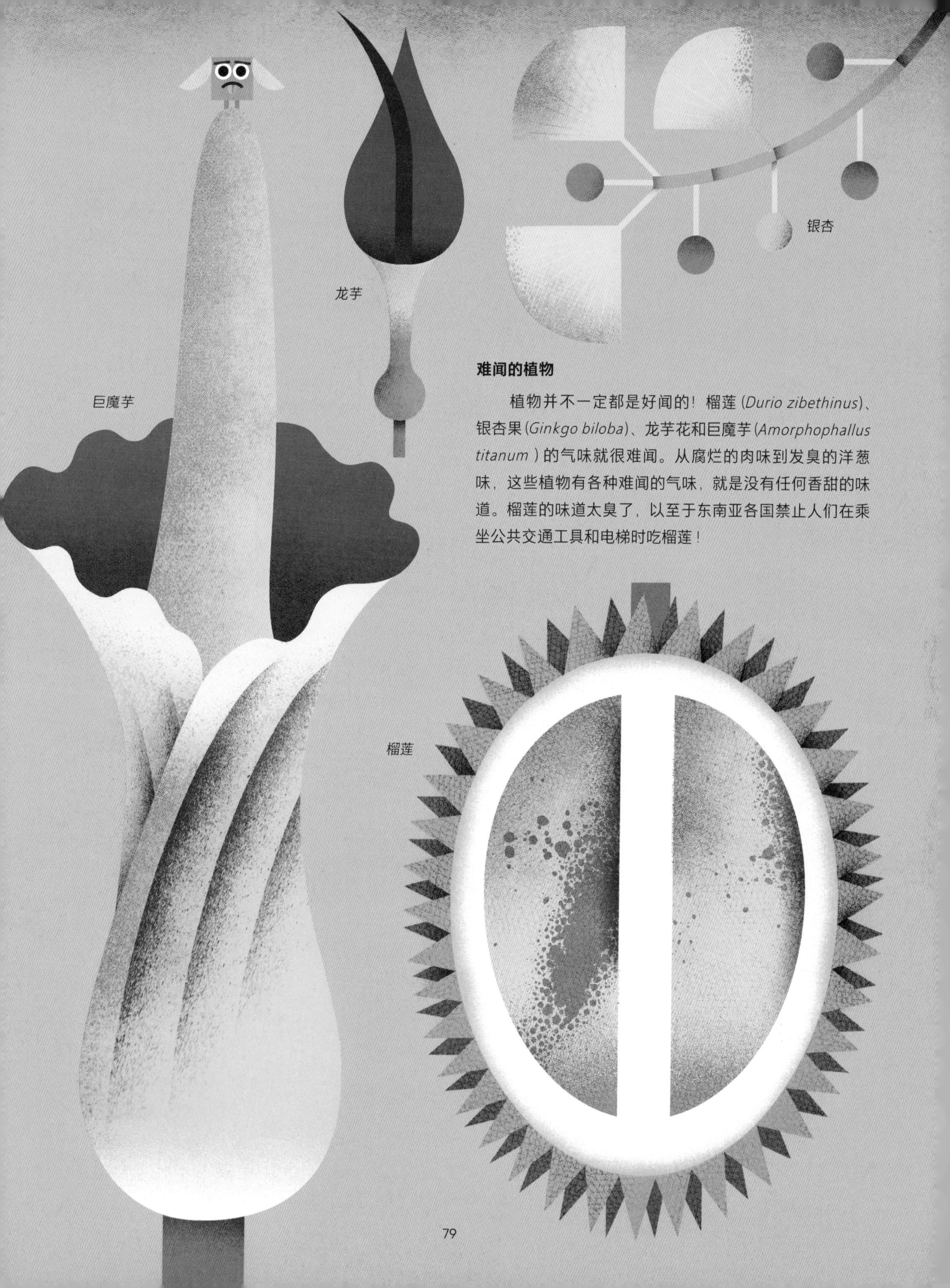

难闻的植物

植物并不一定都是好闻的！榴莲（*Durio zibethinus*）、银杏果（*Ginkgo biloba*）、龙芋花和巨魔芋（*Amorphophallus titanum* ）的气味就很难闻。从腐烂的肉味到发臭的洋葱味，这些植物有各种难闻的气味，就是没有任何香甜的味道。榴莲的味道太臭了，以至于东南亚各国禁止人们在乘坐公共交通工具和电梯时吃榴莲！

多彩的世界

想象一下，如果我们的衣服、包、窗帘和墙壁没有了明亮而充满活力的色彩，那将会是怎样的一个世界？早期人类穿着的衣服和使用的物品大多是灰色和棕色的。从岩石中发现的颜料和从动植物中发现的天然染料彻底改变了我们祖先周围的世界。

制作颜料

在 18 世纪人类发明人工颜料之前，所有的颜料和染料都来自于自然界。从史前时代起，人们就磨碎岩石和植物来制作彩色的色浆。这些颜料有各种颜色，包括明亮的蓝色、鲜艳的红色、高贵的紫色和亮眼的黄色。桃核或樱桃核可以用来制作深黑色颜料。

巧妙的艺术

油画家用罂粟油、核桃油、红花油和亚麻籽油使颜料快速或缓慢地干燥，又或是使画作最后呈现不同的光泽。土豆淀粉也可以使水粉画的质地更细腻。

留下你的涂鸦

炭笔是用燃烧后的木头制成的，通常用的是柳树枝和葡萄藤。炭笔非常适合绘图，因为它绘制的线条粗黑，易于涂抹形成“模糊”的效果。

色彩鲜艳的衣物

为了让衣服更好看，人们用人工合成或天然的染料将布料染成不同的颜色，包括一些充满活力并且具有异国情调的蓝色、红色、紫色、黄色和绿色，这些颜色的布料是用木蓝（*Indigofera tinctoria*）、欧洲菘蓝（*Isatis tinctoria*）、染色茜草（*Rubia tinctoric*）等植物染制而成的。像洋葱皮、大黄和姜黄这样生活中常见的植物也可以用来染色。

你知道吗？

最早的染色亚麻纤维样品是在格鲁吉亚的一个洞穴里发现的，可以追溯到 34000 年前。

皇室蓝

在人造染料发明之前，色彩鲜艳的染料是非常昂贵的，只有富人才用得起，所以有些颜色成了身份的一种象征。靛蓝色曾是法国皇室的颜色，直到 19 世纪 90 年代人们发明了一种人造的蓝色染料，这种蓝色才不再为皇室专用。

DIY：树叶画

你可以在彩色卡片上印制树叶画来设计书签，把它们作为礼物送给朋友和家人，或者在阅读本书的过程中使用！

你需要：

- ▢ 一副橡胶手套
- ▢ 一个或几个深色的印台
- ▢ 一些单色的浅色纸或卡片
- ▢ 一些新鲜的叶子（薄荷叶或者其他背面有凹凸不平纹路的叶子都可以）

如何印制图案：

1. 戴上手套。然后，把叶子放在印台上，在叶子上面放一张废纸。

2. 按压整张纸（你可以感觉到下面的叶子），使颜料均匀地涂在叶子的背面。

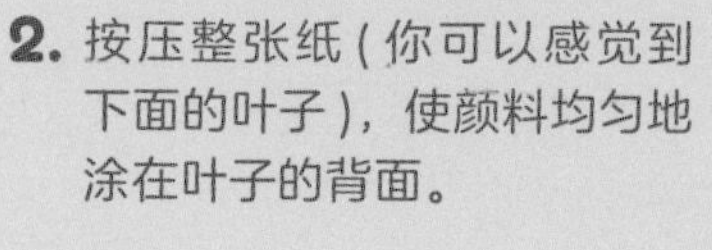

3. 拿起叶子，小心地把它放在想要印制图案的纸张或卡片上。

4. 在叶子上面放一张废纸，再次按压整片叶子，颜料就印到了纸张或卡片上。

5. 这样，你就得到一个完美的叶子印记。多次印制可以制作出不同的图案！

在一万年前，日本的房子是用稻草做屋顶的，这样可以防雨，保持屋内干燥。

在喀麦隆，巴卡人居住的传统房屋是由细长、柔韧的树枝编成的，上面覆盖着大穗巨柊叶树(*Megaphrynium macrostachyum*)的叶子。

在铁器时代(公元前1200年—600年)，欧洲的圆屋是用橡木等坚硬的木材建造的，屋顶使用茅草覆盖。

在南苏丹，传统的丁卡人房屋建在树上，这样可以防止被洪水淹没。

房屋内外

在远古时代，人类为了采集食物不断地从一个地方搬到另一个地方。在约一万年前，人类开始了农耕生活，他们不得不长时间待在一个地方，这样才能照料庄稼。于是，人们开始定居下来，村庄和城镇逐渐形成。人们开始用植物材料比如木头、竹子、树叶、茅草和稻草来建造房屋，并用泥土、黏土、淤泥甚至是粪便把这些材料粘连在一起！

有弹性的屋顶

为了抵挡风吹、雨淋和日晒，人们需要给房子建一个屋顶。在热带地区，人们传统上会用棕榈叶和芭蕉叶作屋顶材料。在人们最开始建造房子的时候，屋顶就是茅草顶——芦苇（*Phragmites australis*）或其他类似的植物紧密地堆积在一起，形成一个厚厚的、防风防雨的表层。像欧洲蕨和苔藓这类的植物也被用来遮风避雨和保暖。

16世纪英格兰的茅草屋

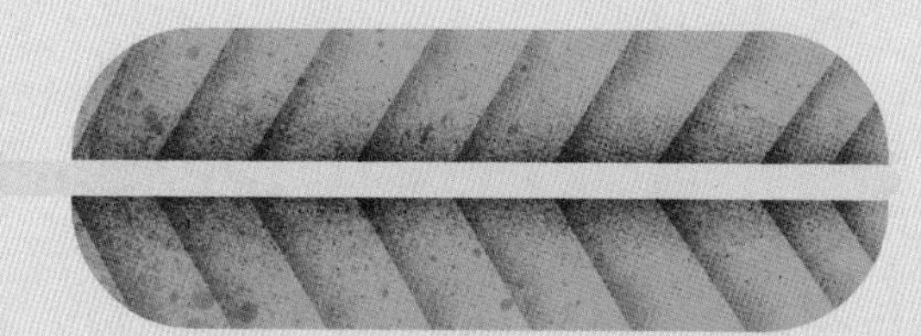

芭蕉叶

棕榈叶

合适的木材

木头是很结实而且耐用的材料。橡木和枫木通常用作墙壁、地板和天花板。世界上最古老的木制建筑是日本的法隆寺。它自公元七世纪至今一直屹立不倒。它是用一种叫作日本扁柏（*Chamaecyparis obtusa*）的柏木建造而成的。

铅笔和纸张

是时候坐下来放松一下。你可以选择一项活动——写一个故事或阅读一本书，相信你已经猜到了，你用到的铅笔和书就是用植物做成的。

书写工具

你用来画画和涂色的铅笔可能是用北美翠柏木（*Calocedrus decurtens*）或刺柏木制成的。有时我们会用到橡皮擦，来擦去错误的笔迹，橡皮擦通常是由橡胶制成的。虽然现在很多文具是用塑料做的，但你仍然可以找到用来画直线和测量长度的木尺。锦熟黄杨（*Buxus sempervirens*）就是通常被用来做这些文具的典型木材。

造纸

我们在日常生活中使用的几乎所有纸张，从书籍、明信片，到餐厅菜单和硬纸盒，都是由树木制成的。不同种类的树生产出的纸有不同的质地。像松树和桦树这样拥有更长纤维的软木材，制成的纸张柔韧度更好。硬木材纤维较短，更适合制造打印和书写用的纸张。松树、桦树和桉树非常适合造纸，因为它们都是生长速度很快的树种，人们能够在短时间里种植并获得更多的木材。

1. 一根原木进入制浆机，被切碎、研磨制成木浆。木浆是由被称为纤维素的木纤维、水和一些其他化学物质组成的液体混合物。木浆有一点像木头汤。

2. 木浆准备好后，会被均匀地喷到一个筛网上，制成平整的纸浆薄片。

3. 干燥的纸张被卷在宽达 1 米的巨大滚轴上。

4. 纸张磨光后喷上五颜六色的墨水，然后就变成了一本书或一本杂志。

你知道吗？

一般来说，一棵树可以制造 8335 张 A4 大小的纸！

乐队开始演奏

著名作曲家门德尔松习惯坐在英国伯纳姆山毛榉林的一棵山毛榉树（*Fagus sylvatica*）下创作。他创作《仲夏夜之梦》等管弦乐作品的灵感大多来自于那片森林。那棵山毛榉树的树桩现在保存在英国伦敦的巴比肯艺术中心。用来演奏美妙音乐的乐器通常是由木材或其他植物制成的。以下是一些音乐小常识：

松香是由松树的汁液制成的，人们把松香涂抹在小提琴或者大提琴等弦乐器的琴弓上，使乐器发出更好的声音。

你知道吗？

"xylophone"（木琴）在希腊语中的意思是"木头的声音"！你能猜出这个乐器是由什么制成的吗？

过去，钢琴上的黑键是用乌木做的。乌木是一类质地细腻的深色硬木，非常适合制作钢琴键，因为它能吸收钢琴家的皮肤分泌的油脂，并且足够强韧能承受重复按击！现在，大多数钢琴的琴键是用塑料做的。

竹子可以用来制作笙箫管笛这类的管乐器。

芦竹（*arundo donax*）是一种禾草植物，常被用来制作单簧管和萨克斯管的簧片（吹口）。

早期留声机的唱针是用仙人掌的刺制成的，现在有些留声机唱片是用一种由棉花制成的塑料制作而成。

DIY：草叶口哨

你可以用一片草叶创作美妙的音乐！方法如下：

你需要：

- 一片草叶
- 你的双手

如何制作你的草叶口哨：

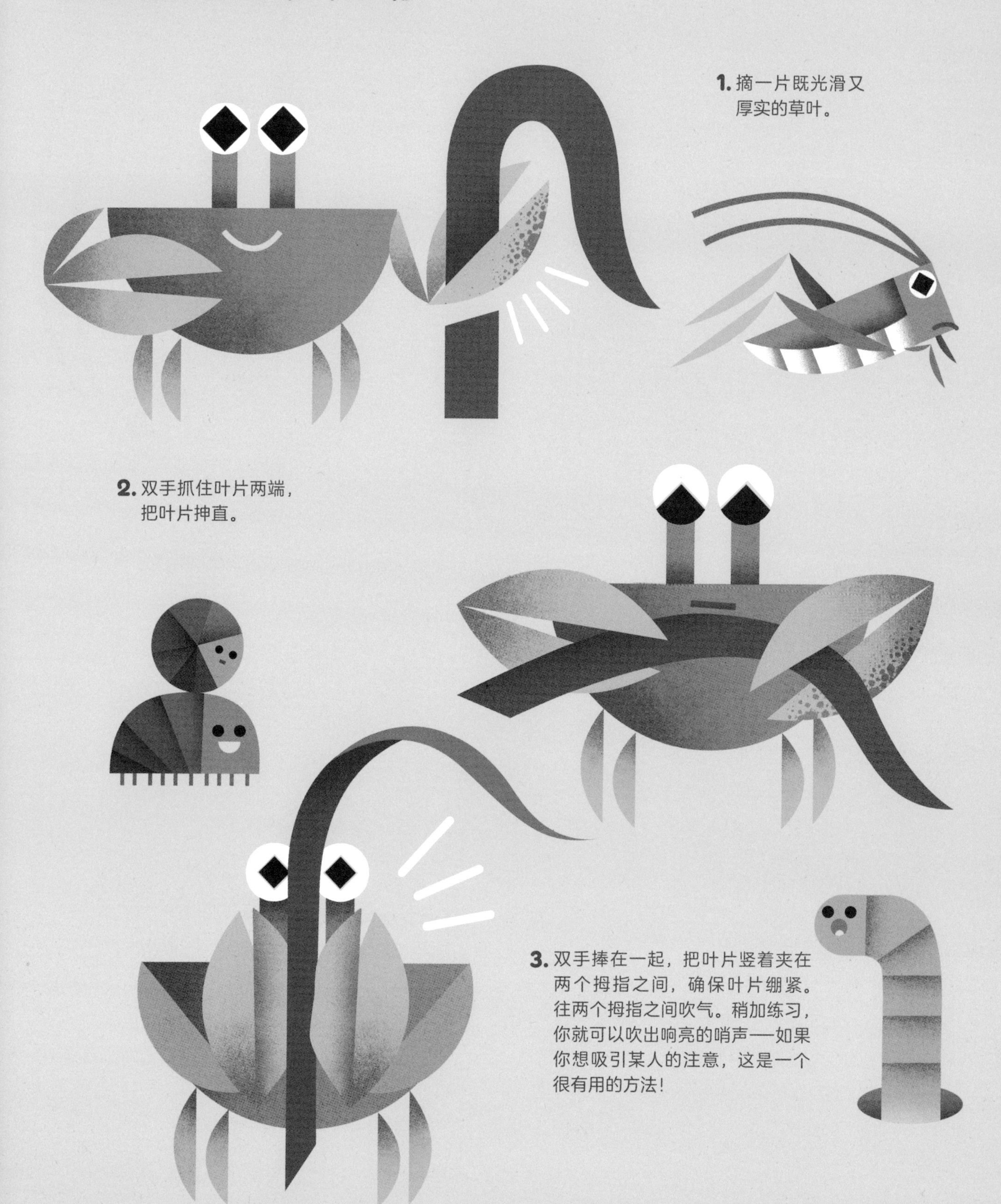

1. 摘一片既光滑又厚实的草叶。

2. 双手抓住叶片两端，把叶片抻直。

3. 双手捧在一起，把叶片竖着夹在两个拇指之间，确保叶片绷紧。往两个拇指之间吹气。稍加练习，你就可以吹出响亮的哨声——如果你想吸引某人的注意，这是一个很有用的方法！

运动生活

世界各地的人都喜欢运动——从简单的球类运动到高难度的竞技比赛活动如网球、足球等。我们至今仍在使用的许多体育用品都是植物制品。

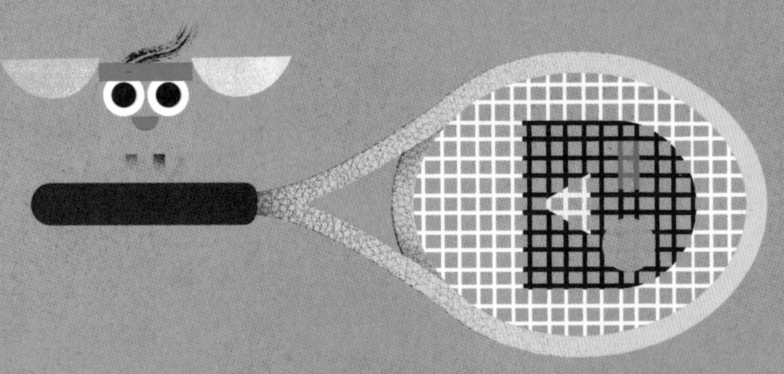

球拍制作

老式的网球拍和壁球球拍是由木头制成的，常用的是白蜡树、枫树、美国梧桐（*Platanus occidentalis*）、桦叶鹅耳枥（*Carpinus betulus*）、山核桃树、山毛榉、桃花心木和伞白桐（*Triplochiton scleroxylon*）等树木的木材。这些树也被用来制作其他的体育用品，如曲棍球棒、棒球棒和棍网球棒，因为这类木材可以承受强大的冲击力而不易折断——有些树木在强风中比其他树木更柔韧从而不易被吹折也是这个原因。

板球运动

板球是另一项与植物息息相关的运动：板球拍是由白柳（*Salix alba*）制成的。球拍使用的木材要非常结实，因为球通常会以很高的速度击打球拍。球拍的其他部分用到了藤条和橡胶。球是由木栓和线绳制成的，外面包裹着皮革。制作三柱门的门柱和横木的木材取自欧洲白蜡树（*Fraxinus excelsior*）。

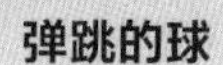

弹跳的球

现代球类运动仍然要用到来自橡胶树（*Hevea brasiliensis*）的橡胶。足球、篮球和网球等球类的内部都有一层橡胶，这样的球具有很好的气密性和弹跳力。

危险的游戏

早期用到橡胶的运动是“玛雅球比赛”，这项比赛使用的是一个大的橡胶球，参赛者必须在手不碰球且球不落地的情况下让球穿过一个石环。一些历史学家经过研究认为，为了增加比赛的竞争压力，失败球队的队长将被处死。

DIY：豆袋球

在奥运会出现之前，古埃及人经常用装满谷物（如小麦粒）的袋子来举行举重比赛。我们在本页中介绍的游戏类似于法国的滚球游戏或者叫地掷球游戏。你可以自己玩，也可以和朋友一起玩。

你需要：

- 每个参与游戏的人至少有一双旧袜子（没有破洞的哟！）
- 一袋风干的豆子
- 一个橙子（不是熟到快被扔掉的那种）
- 一个地面平整的开放空间，最好是室外
- 细绳或皮筋

安全提示：

注意扔球的方向，不要直接扔向其他人！

如何制作你的豆袋球：

1. 往袜子里装豆子，装到袜子脚跟的位置（不足袜子的一半）。为保证游戏的公平，装好后将豆袋称重，确保各个豆袋的重量是相同的。

2. 把豆子紧紧地挤到一起，在豆子的上方将袜子拧紧，然后用绳子或皮筋扎紧。最后你会得到一只塞满豆子的豆子形状的袜子！它也可能是球形的或更像香肠。

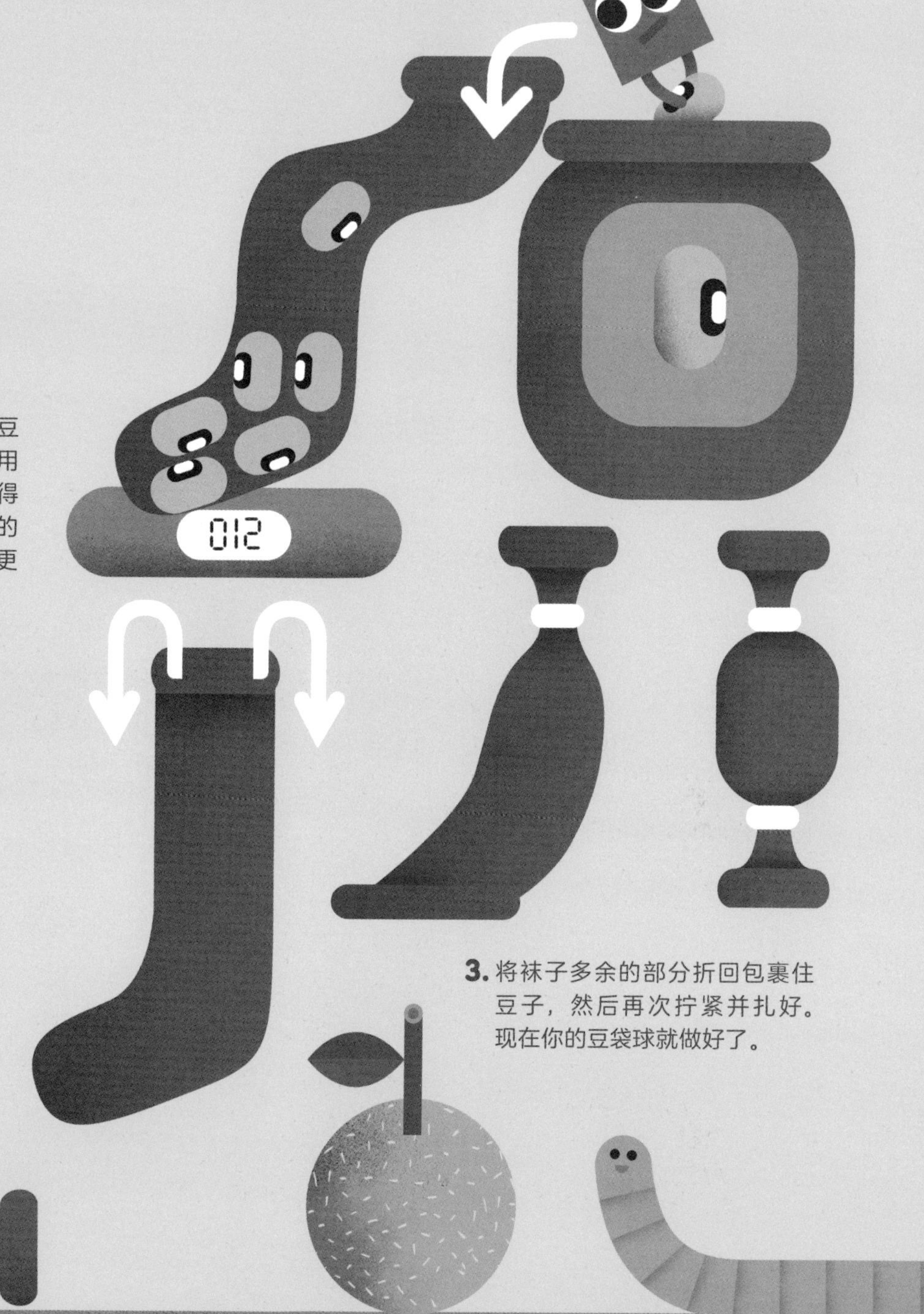

3. 将袜子多余的部分折回包裹住豆子，然后再次拧紧并扎好。现在你的豆袋球就做好了。

4. 游戏开始后，把橙子放在一片空地上（注意不要靠近马路）。游戏的目标是把你的豆袋球扔到离橙子最近的地方。你也可以不用橙子，就看看谁能把豆袋球扔得更远。游戏结束后，你可以把豆袋里的豆子种到土里，你会种豆得豆。

* 第四部分 *

植物的力量

植物也许看起来很美，但它们在我们的星球上的作用远远不止是这些。植物让我们的世界得以运转起来。从我们使用的纸币到我们服用的药物，在一些最具突破性的科学技术中，植物也发挥着非常重要的作用。要想发现这些绿色英雄的全部能力，我们还有很长的路要走。

巧妙的植物技术

科学的定义是“基于实验和观察得出的事实获得的对自然世界的认识”。几千年来，人们通过反复的试验去获得科学知识。在我们观察周围的世界并进行实验的过程中，植物一直陪伴着我们。

好点子

19 世纪 80 年代，发明家刘易斯 · 霍华德 · 拉蒂默与发明电灯泡的著名发明家托马斯 · 爱迪生一起工作。拉蒂默改进了爱迪生的设计，让原本的竹灯丝变得更加耐用。虽然这种设计最终被金属钨和现代节能灯所取代，但这是发明高效电灯的重要一步。

开采黄金

人们常说钱不会从树上长出来，但金子可以！科学家最近发现，某些植物如芥菜（*Brassica juncea*），会把土壤中非常少量的银和金收集保存起来。人们可以通过种植这些植物来收获金属，用于制造电子产品。这种方法叫作植物采矿。

自制火炬

如果你夜晚在波利尼西亚迷路了，你可以用萨摩亚 * 的石栗树（*Aleurites moluccana*）制作一个好用的火炬！把这种植物含油的种子用棕榈叶串起来绑在木棍上，点燃，就制成了一个火焰非常明亮而且可以燃烧很久的火炬。种子燃烧留下的黑色灰烬可以被收集起来制作文身用的墨水。

* 波利尼西亚是位于太平洋中南部的群岛，萨摩亚是群岛上的一个国家。——编者注

DIY：土豆发电厂

你知道不起眼的土豆其实是一个小小发电站吗？

土豆中富含矿物质的水可以导电。

土豆电池未来可以作为一种有机电池，为我们的家用电器充电。尝试做下面这个实验，然后自己找出答案。

你需要：

- 一颗大土豆
- 一个小灯泡或LED灯
- 两枚五角硬币
- 两颗镀锌的钉子
- 三根铜线

安全提示：
接触电线时要小心，因为电线里有少量的电荷通过。

如何制作你的发电厂：

1. 把土豆切成两半，然后在每一半土豆上各挖一个五角硬币大小的凹槽。

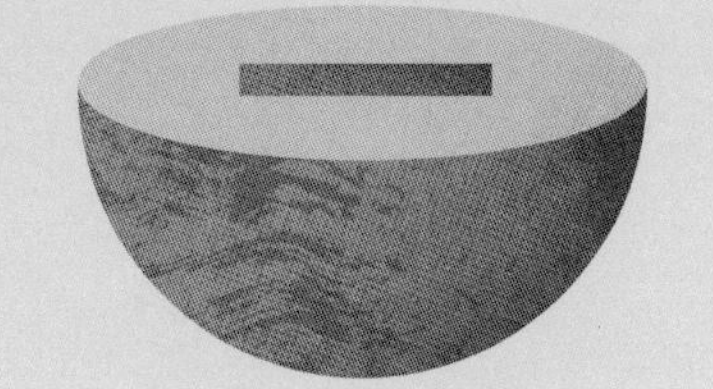
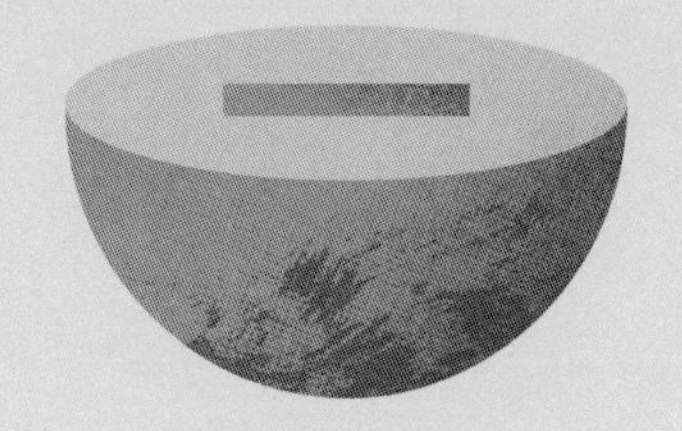

2. 在每一枚硬币上绕几圈铜线，每枚硬币用一根铜线。

3. 把两枚硬币分别塞进土豆的两个凹槽里。

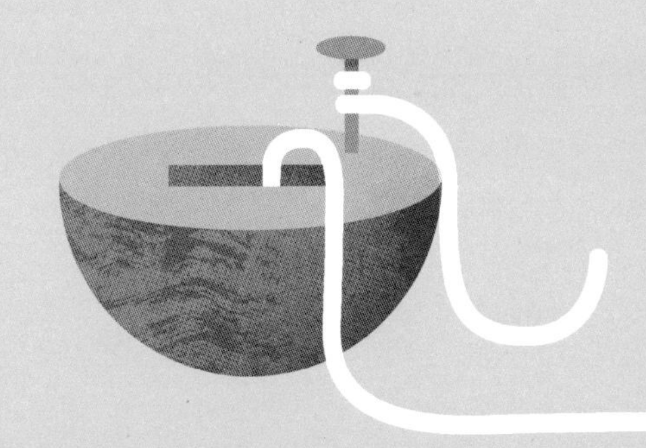

4. 把第三根铜线绕在一颗镀锌的钉子上，然后把钉子插在其中半颗土豆上。

5. 把这半颗土豆中缠绕着硬币的铜线的一端缠在第二颗钉子上，再把钉子插在另外半颗土豆上。

6. 当你把铜线余下的两端连接到小灯泡或 LED 灯上时，灯会亮起来。

狩猎并战斗

约一万年前，我们的祖先使用的许多工具和武器都是用木头制成的，如棍棒、长矛、回旋镖和回飞棒（一种投掷类的武器）。几千年来，世界各地的军队都使用木制的弓和箭进行远距离作战，有些战斗甚至是骑在马背上进行的。

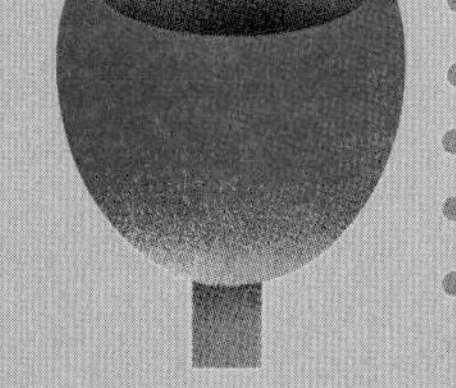

狩猎

古人用锋利的木矛狩猎。大约42万年前，现代人类的祖先海德堡人（*Homo heidelbergensis*）用欧洲红豆杉树（*Taxus baccata*）制成木矛。为了让矛尖能够刺穿长毛象厚厚的皮肤，猎人必须在距离这种巨大的动物非常近的地方投出长矛。

弓和箭

强劲有力的长弓也是由红豆杉木制成的。13—16世纪，在大约300年的时间里，这种弓箭是欧洲最为致命的武器。用这样的弓射出的箭可以飞出200米穿透敌人的盔甲。有时，弓箭手甚至用红豆杉的有毒汁液浸染箭头，提高弓箭的杀伤力。

照明

银叶蕨（*Cyathea dealbata*）是一种生长在新西兰的蕨类植物。毛利人夜间狩猎结束后利用它可以找到回家的路，因为这种植物的叶子在微弱的月光下是可见的（叶子背面是白色的，能反光）。这样，人们夜晚打猎不必带着燃烧的火把了，也不用担心火把冒出的烟雾和明亮的火焰会把动物吓跑。

隐身模式

如果你想融入周围的环境中，还有什么方法比与环境变得一样更好？对于想要隐藏在自然环境中的士兵来说，树叶、树枝和土壤是绝佳的隐身装备。现代的印花迷彩服常用的颜色仍然是棕色和绿色，这样的衣服可以帮助人们与自然环境融为一体。

DIY：隐形墨水

如果你想要给某人留下非常重要又隐秘的信息，那么这个实验对你来说非常有用。按照下面的步骤，先留下一条有趣的信息吧。

你需要：

- □ 一颗柠檬或洋葱
- □ 一个小碗
- □ 一把小刀
- □ 一个钢笔尖
- □ 一张纸
- □ 一个榨汁器

安全提示:

请一位成年人帮你切洋葱或柠檬以及榨汁。

如何制作隐形墨水：

1. 把一颗柠檬或洋葱切成两半。用榨汁器把柠檬或洋葱榨出汁液，放到碗里。

2. 把洋葱汁或柠檬汁当作墨水，用干净的笔尖蘸着“墨水”在一张纸上写下信息。

3. 把墨水痕迹晾干。写下的信息在干燥后会消失！

我们树屋见

4. 为了让信息重新出现，可以把纸放在白炽灯或散热器上。高温会使隐形墨水逐渐显现出来，这样对方就可以看到消息内容了。

绿色治疗

健康、均衡的饮食和经常锻炼对我们的身体是很有益的，这属于预防医学。一些香草和香料使我们的食物更加美味，它们既能提供重要的营养物质，也可以作为药物少量定期使用。事实上，古希腊的现代医学之父希波克拉底（公元前 460—前 377 年）说过："让食物成为药物，让药物成为食物。"

治疗历史

黄花蒿（*artemisia annua*）是一种菊科草本植物。它在中医上的使用已经有 2000 多年的历史，可用来治疗发热、炎症和疟疾。它含有一种叫作青蒿素的化合物，这种化合物已被证明对治疗疟疾有效。

植物医生

垂枝桦 (*Betula alba*) 的树皮中含有白桦脂酸，研究人员正在研究这种物质潜在的抗癌特性。省藤常被用来制作庭院家具，也被科学家研究作为骨移植物帮助治疗骨损伤——省藤和骨骼一样强韧，而且内部有多孔结构，有助于骨头再生。

让人沉沉入睡

曼德拉草(*Mandragora officinarum*)的根形状看起来有点像人。在中世纪，人们发现曼德拉草含有一种功效强大的化学物质，叫作东莨菪碱。这种物质的催眠效果非常好，可以让人睡上好几天，并且睡得很沉，感觉不到任何外界刺激。这是世界上最早发现的几种麻醉剂之一。

罂粟

你知道吗？

罂粟(*Papaver somniferum*)被用作止痛药已经至少有 3500 年的历史了。

帮助伤口愈合

人类使用泥炭藓给伤口止血的历史已经有 1000 多年。这种苔藓具有很强的吸附能力并且能杀死细菌。如今，一种从海藻中提取出来的物质被用在绷带上，帮助植皮手术后的伤口愈合。皮肤移植是指外科医生从病人身体的一个部位取下部分健康皮肤，来覆盖另一处受伤皮肤以帮助伤口愈合。

曼德拉草

泥炭藓

用植物来表达

自人类出现以来，植物已经根深蒂固地融入我们的语言。这或许是因为植物经常形成标志性的景观——从参天大树到开满蓝铃花的树林。直至今日，在人们的语言甚至是在一些地名中，我们依然可以看到一些残留的痕迹，很多地名都或多或少与植物有关，比如“好莱坞”（Hollywood）这个名字原意是指“冬青树”。

花语

在维多利亚时代，人们创造了一种花卉语言，你可以用不同的花束组合来给他人传递信息。

飘扬的旗帜

一些国家的国旗上有特定的植物，通常这些植物是和平（橄榄枝）或力量（橡树）的象征，也可能是这个国家重要的粮食作物。

加拿大　枫叶

厄立特里亚　橄榄枝

黎巴嫩　雪松树

格林纳达　肉豆蔻

秘鲁　金鸡纳树

墨西哥　仙人掌

国花

许多国家正式地把一种植物或花卉作为本国的象征。印度尼西亚无法选定一种国花，所以它有三种。

美丽蝴蝶兰
(*phalaenopsis amabilis*)

大王花
(*rafflesia arnoldi*)

茉莉花
(*jasminum sambac*)

出发！

无论你采用何种方式旅行，植物都有可能是旅行中的一部分。过去，人们只能使用天然材料——曾经有一段时间，车轮甚至飞机的机翼都是用木头做的。汽车轮胎一般是用树上的橡胶制成的。

有浮力的树皮

软木或者说木栓，是由一种常绿橡树——欧洲栓皮栎（*Quercus suber*）的树皮制成的。这种特殊的树皮很轻而且不透水，非常耐用。这种树木还可以保护自己免受森林火灾的侵害。你可能见过用它制作的酒瓶塞，其实它也可以用来制作救生衣、房屋、鞋子、船只，甚至是宇宙飞船上的隔热板！

漂浮的村庄

你在前面见过了用来做茅草屋屋顶的芦苇，但你知道它们也可以用来制作交通工具吗？的的喀喀湖位于南美洲，生活在湖上的乌鲁斯人用托托拉苇草（*Schoenoplectus californicus* subsp. *totora*）造船，他们甚至用这种植物建造漂浮村庄并生活在里面。

你知道吗？

据估计，亨利八世的著名战舰“玛丽玫瑰号”建造时使用了600棵来自英格兰南部的巨大橡树。这艘船在1545年的一次战斗中沉没。

伸展和收缩

橡胶被用于制造各种汽车部件，从轮胎到脚垫。考古发现，橡胶最早是在奥尔梅克、玛雅和阿兹特克文化中被使用的。那时的人们利用橡胶树（*Hevea brosiliensis*）的乳胶汁液让衣服变得防水，甚至把乳胶倒在脚上来制作防水鞋！现在，我们的鞋底也含有橡胶。

化石燃料

燃料是经过燃烧后可以释放能量的物质。有时，当植物和动物死亡，它们的尸体会沉入水底，在几乎没有空气的条件下无法被分解。经过数亿年的时间，厚厚的富含能量的物质层被覆盖在上面的地层挤压。这种压力最终导致了我们所说的化石燃料的形成。

强大的植物燃料

棕榈油、海藻油、大豆油和甘蔗油可以用在汽车或卡车的柴油发动机上。它们还可以用来加热锅炉或与石油混合生产生物柴油等燃料。早在1892年，德国科学家和发明家鲁道夫·迪瑟就发明了一种使用花生油的发动机。在现代，植物腐烂产生的气体也可以用作燃料。

污染

如果环境被污染，污染物就可能被植物吸收，然后随着植物一起被动物吃掉，从而通过食物网不断地传递下去。知道这一点很重要，人们有时为了保护庄稼不被昆虫吃掉使用的化学物质——杀虫剂，就会对人和动物造成伤害。在污染严重的土地上，仅仅 11 条大蚯蚓身体内含有的杀虫剂就足以杀死一只知更鸟（知更鸟可以在大约 10 分钟内吃掉那么多蚯蚓）。

有机农业

环境污染是指任何有害的物质进入我们周围的土壤、水和空气中。现在，关于农业中化学品使用的安全标准有严格的法律规定。许多农民选择在种植作物的过程中不使用任何化肥，这种方式的种植业被称为有机农业。

蕾切尔 · 卡森

我们要感谢海洋生物学家和自然保护主义者蕾切尔 · 卡森，她为我们提供了有关化学污染方面的知识。1962 年，她出版了一本名为《寂静的春天》的书。书中描述了农民用来杀死昆虫的杀虫剂如何进入食物链，并对动物和人类造成伤害。卡森发现，一种叫作 DDT 的农药喷雾不仅能在使用后的几个月里不断杀死昆虫，而且在更长一段时间内仍会存留在环境中。虽然她的研究让化学品制造公司十分不满，却引发更多的人参与环保运动。

保护我们的地球

毫无疑问，在树木和绿草之间生活和工作，人们会感觉更舒适。植物为我们提供呼吸所需的氧气，使城市和家变得更美丽，甚至可以帮助减少空气污染。

希望之光

一些植物可以吸收核辐射等有害物质。2011 年，一场灾难在日本福岛核电站发生，放射性物质泄漏到了水和土壤中。

10000 包葵花籽被送到福岛进行种植。明黄色的花朵代表着这片土地恢复生机的希望，同时向日葵可以吸收土壤里具有放射性的化学物质，让这片土地再次适宜人类居住。

海岸守卫者

红树林是指一些热带植物组成的树林，其中大多数树木长着长长的像树枝一样的根。它们生长在海边和河口（河流与海洋的交汇处）周围。红树林能有效地稳固海岸、防止风浪冲击，保护着岛屿和沿海的居民。在红树林无法自然生长的地区，人们设法种植人工红树林来保护海岸区域（这也是仿生学的一个例子）。

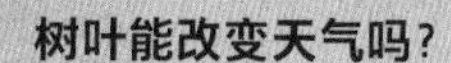

树叶能改变天气吗？

在潮湿的森林中，树木上方飘着大量的云，这些云是由蒸发蒸腾作用（水分从植物叶片和土壤中散失）形成的。云形成雨降落到地面，水流经树木的根部，在那里被树木吸收，然后被运送至树各处，在经过树叶时再次蒸发，回到空气中变成云，由此形成一个水循环。如果树木都被砍伐，森林的这种水循环就会被打破。而且土壤里重要的营养物质都会随着水流进入河流，而不再是被树根吸收，留在原地。如果这种情况持续发生，整个环境可能会变得像沙漠一样干燥，甚至生物完全无法在这里生活。

DIY：本地的生物地标

通过参与这项跨越一年四季的生态活动，你可以知道家周围有哪些植物，也可以了解你周边的街道和你所在地区的生物地标。

你需要：

- 一张本地地图
- 一个笔记本和一支铅笔
- 一双舒适的休闲鞋
- 相机（可选）
- 一位陪伴你的成年人

你需要做的：

1. 打印一张你所在区域的地图，把它贴在笔记本上。在打印地图之前尽可能地把它放大——它需要足够大，这样方便你在上面添加说明和标签。

2. 找一位家庭成员和你一起外出开展这项活动，整个过程需要一个小时左右。

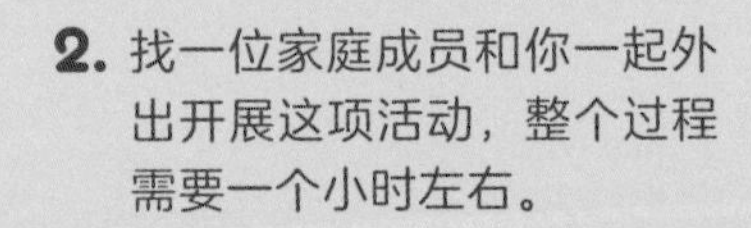

3. 选定一个方向，走大约800米。这样一段路程通常需要走15分钟，不过这次你可能要经常停下来观察遇到的植物。

4. 在地图上标出你在街边或花园里看到的有趣树木和其他植物的位置。如果你不知道它们叫什么名字，可以拍照记录下来或是在笔记本上画出它们叶片的样子。

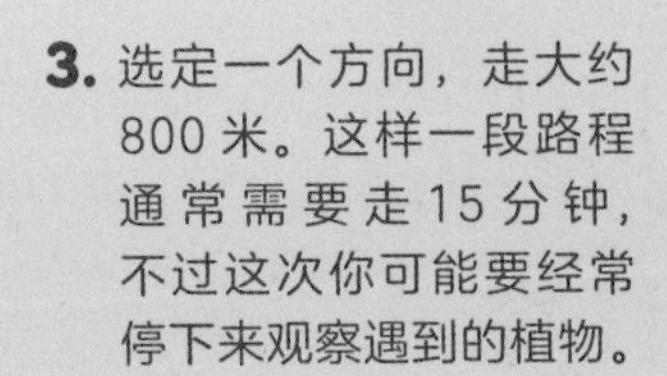

5. 你可能会在植物上或是它的周围看到不同的动物，比如蜜蜂、苍蝇、蝴蝶和鸟。把这些也记下来，这可以让你的地图内容更丰富。

7. 回到家，你可以上网查找或使用应用程序帮助识别你画的或者拍摄的植物。

6. 每个季节进行一次这样的散步。这样，你可以了解植物在不同季节的样子，从而对它们的生命周期有一个很好的理解。

8. 记录高大树木的同时也要记得留意小花和小草。

绿色的未来

几千年来，人们一直在自然中寻找药物、食物、燃料、香料和织物。我们可能会一直这样做——在植物中寻找治疗疾病和解决生活中其他问题的方法。可以确定的一点是，在未来，我们的后代以及后代的后代也将在生活的许多方面一直依赖着植物。

家庭农场

现代农场的规模越来越大，效率也越来越高，但许多人认为小规模的社区农场或家庭花园是种植食物的最佳方式。我们身体需要的能量有大约 60% 来自三种植物（水稻、小麦和玉米），当然还有其他数千种植物可供选择。其中一些可选择的作物甚至更有营养，而且也能抵御不良气候和病虫害，如藻类。如果你自己种植食物，你可以想吃什么就种植什么。

未来农场

总会有一些植物生长在野外，但是我们需要比以往任何时候都更谨慎地使用我们的农场。现在已经有许多室内的蔬菜和药草农场使用 LED 灯来代替日光，并按照精确的用量使用水和肥料，所有这些都可以由电脑和机器人控制。在这样的情况下，虽然越来越意识到塑料对地球造成的危害，我们还会回归到使用天然的、可生物降解的材料吗？

自然保护

世界上大约 21% 的植物正面临着灭绝的威胁，所以自然保护（通过合理、可持续的方式明智地运用自然资源）是非常重要的。为了种植可制作食用油的油棕，原始森林正遭到破坏，这让生活在森林中的猩猩无家可归。热带森林正在给为汉堡提供牛肉的养牛场让位，同时为了制作生物燃料和生产塑料，人们砍伐大片的森林以开垦田地来种植大豆、甘蔗、玉米和其他农作物。燃烧这些生物燃料，曾经一度被认为对环境更有益，但为生产这些生物燃料释放到大气中的二氧化碳可能更多。

请记住

如果人类突然消失，植物会活得很好，甚至可能会活得更轻松自在。然而，如果植物突然消失，人类将无法生存。我们需要学习尊重大自然，让植物回到我们日常生活的每一天。

植物之最

活得最长的植物是……

长寿松（*Pinus longaeva*）。它们生长在美国加利福尼亚州的白山地区，其中最老的一株已经有 5000 多岁了。

世界上生长最慢的植物是……

地衣。这些色彩鲜艳的植物中有些长得非常慢，长到一枚硬币的大小需要 10 年以上的时间。

世界上最宽大的一棵树是……

位于加尔各答的印度植物园里的一株孟加拉榕。它的出生至少可以追溯到 1787 年，它的身上长着 1775 根支撑根，整棵树的周长可以达到 410 米！

最厉害的国际旅行者是……

榼藤种子。这种植物的豆荚是世界上最长的豆荚之一（有时可长达 2 米），另外它的种子有光滑的表面，能够穿越海洋进行一次路途非常遥远的旅行。在水里漂浮几周后，种子外面包裹的豆荚外皮会逐渐腐烂，种子还要独自漂浮一年多。当它终于到达一个温暖的热带海滩，即使已经在海里漂泊数千千米，它仍然可以发芽生长。

世界上最高的树是……

美国加利福尼亚州海岸的红杉。其中一株红杉有 113 米高，大约有 1000 岁了！

世界上生长最快的植物是……

毛竹。如果养分充足，那么它每天可以长一米左右。毛竹的高度可达 30 米，直径可达 20 厘米——看起来更像是树而不是草。

术语表

矮生品种
植株比同种植物的平均体形矮小。矮生品种可以通过基因突变来培育。

孢子囊
植物身上产生孢子的生殖器官，有孢子囊的植物通过孢子而不是种子进行繁殖。

博物学家
博物学（研究自然和野生动植物）的专家或学者。

常绿树
叶子不会在特定时间全部凋落的乔木或灌木。

传粉者
给植物授粉的动物，如蝙蝠和蜜蜂。

仿生学
利用源于自然的灵感来创造新的发明或技术的科学。

分类学家
把生物进行分类并研究它们的起源和相互关系的科学家。

光合作用
在植物细胞中发生的利用太阳能、水、二氧化碳和无机营养物质制造糖分的过程。

呼吸作用
细胞内发生的分解有机物产生能量，并制造其他物质的过程。

化石
很久以前的生物留存在岩石上的遗体或遗迹。

可持续的
不会对环境造成永久破坏或致使资源枯竭的。

块茎
变态的茎，为植物储存糖类等养分，能长成一株新的植物。

落叶树
秋天通过脱落叶片来保护自己不受冬天严寒天气影响的树木。

灭绝
一个物种的所有个体全部死亡，没有机会重新出现。

民族植物学
研究人们在生活中对植物的认识和使用。

热带地区
赤道周围地区。这里通常又热又潮湿，年平均气温为18.4℃，分为雨季和旱季。

软木
木质软的木材，通常指的是生长在寒带地区的树木如针叶树的木材。

生命有机体
即生物，指一切有生命的个体。

生态系统
某一特定地区的所有生物以及影响它们的所有因素（如气候、土壤类型或生物之间的关系）构成的统一整体。

食物链
排列或描述生物的一种方式，能显示出它们被捕食的顺序。

食物网
多条食物链相互连接。

适应

指生物如何与环境相适合。这个过程可能发生在它的一生中，或是经过许多代的演化。

授粉

花粉从一朵花的花药转移到另一朵花的柱头从而产生种子的过程。如果这种情况发生在同一朵花内，就是自花授粉。

温带地区

地球上没有极端温度的温暖地带，分布在热带和极地地区之间，有四个季节。

污染

有害物质进入环境中，对生物造成危害。

无机营养物质

生物从周围环境获取的维持生命所需的矿质元素。

物种

生物分类的基本单位，不同种之间无法交配产生可以繁殖的后代。

系谱树

展示物种演化关系的树状图，从中可以看出不同物种之间的亲缘关系远近。

向光性

植物向着光源移动或生长。

演化

生物体通过世代遗传基因差异而逐渐发生变化的过程。演化将会产生新的物种。

叶绿素

在植物细胞中发现的绿色物质，使植物能够利用太阳能为自己制造食物。

叶绿体

植物细胞内含有叶绿素的结构。

硬木

质地坚实的木材，通常指的是阔叶树的木材。

有机农业

只使用天然肥料或根本不使用化肥的农业。

原木

采伐后去除枝叶但未经加工的木材。

蒸发蒸腾作用

土壤中的水分直接蒸发以及水分从植物的根运输到叶，经由叶片散失到空气中。

植物采矿

大量种植可以从土壤中吸收积累金属的植物，然后从这些植物中获取金属的方法。

植物器官

组成植物的不同结构，如根、茎、叶。

植物提取物

通过一定的方式从植物中获得的物质。

植物纤维

植物体内又细又长的丝一样的物质，通常从茎、表皮、叶等结构中获得。

自然保护

对自然资源进行细致有计划地管理，从而保护它。

索　　引

A
阿兹特克　69
爱迪生　98
桉树　39、87

B
八角茴香　39
巴卡人　84
巴婆果　39
芭蕉叶　85
白桦脂酸　106
白蜡树　30、92
白柳　92
白芷　71
百合　39
百岁兰　38
柏树　38、56
薄荷　38—40、70
报春花　21、39
北美翠柏　86
北美木兰　39
蓖麻　59、70
蝙蝠　25
波利尼西亚　99
菠菜　42
菠萝　39
捕蝇草　62

C
菜豆　18、41
苍蝇　62—63、117
草叶口哨　90—91
茶　39、68
长毛象　102
长寿松　120
常绿树　56—57
冲刷草　72
雏菊　20
传粉者　20、24—25
垂枝桦　11、106
唇形花家族　40
慈姑　53
刺柏　86
刺猬　60
醋栗　39

D
达尔文　44—45
大地雀　45
大豆　10、41、119
大黄　81
大戟　39
大麻　77
大灭绝　47
大薸　52
大穗巨柊叶　84
大王花　109
的的喀喀湖　110
地衣　34、120
颠茄　40、58
靛蓝色　81
丁卡人　84
东莨菪碱　107
冬青　39、108
动物传播　31
豆袋球　94—95
豆科植物　39
豆子家族　40
毒参　58

E
蛾　60

F
法隆寺　85
番木瓜　39
番茄　25、31、39、40、69、75
番桫椤　38
仿生学　31、73
放射性物质　114
非洲紫罗兰　39
肥皂草　78
风传播　30
风铃草　39
枫树　56、92
蜂鸟　25、61
凤尾杉　34—35
凤仙花　39
凤眼蓝　52
福岛核电站　114
附生植物　50
复苏植物　49

G
甘蔗　41、66、111、119
柑橘　39、75
橄榄　39、78、109
格鲁吉亚　81
构树　77
孤挺花　39
硅藻　35

H
国花　109
国旗　109
海德堡人　102
海金沙　38
海椰子　29
海藻　34、107、111
禾草　39、41、66、89
禾草家族　40
核辐射　114
红玫瑰　108
红杉　121
红树林　114
猴面包树　25
狐狸　61
胡蜂　60
胡萝卜　39
胡桃　39
葫芦家族　40
槲寄生　39、55
蝴蝶　60、117
花的结构　22—23
花生　41、74、111
花语　108
化石燃料　111
桦树　10—11、30、39、87
桦叶鹅耳枥　92
黄瓜　25、39、41
黄花蒿　106
黄玫瑰　108
蕙兰　71
活化石　34

J
加拉帕戈斯群岛　45
家庭农场　118
甲虫　61
假叶树　72
姜　39、69、74
姜黄　42、81
绞杀榕　54
芥菜　99
金鸡纳树　109
金缕梅　31
金鱼草　39
堇菜　39、71
锦葵　39
锦熟黄杨　86
景天　39
酒椰树　77
巨魔芋　79
巨人柱仙人掌　49
巨杉　38
卷柏　38
卷丹　108
蕨类植物　49、103

K
咖啡　39、68
喀麦隆　84
开花植物　47
康克戏　32—33
康乃馨　39
榼藤　120
可可　39、69
恐龙　34
昆虫　20、25、45、62—63、112

L
辣椒　39—40
兰　39
蓝莓　39
蓝盆花　39
蓝山雀　61
蓝藻　34
老鼠　61
蕾切尔·卡森　113
狸藻植物　53
莲花　71、73
鳞叶卷柏　49
铃兰　21、58
榴莲　79
柳树　39、80
龙胆　39
龙舌兰　39、48
龙芋　79
芦荟　39
芦笋　39
芦苇　41、85、110
芦竹　88
罗汉松　38
落叶树　56—57

M
麻黄　38
马鞭草　39
马齿苋　39
马利筋　39
满江红　38
曼德拉草　40、107
猫头鹰　61
毛地黄　20、58
毛茛　39
毛利人　103

毛毛虫 61
毛竹 121
茅草屋 85
茅膏菜 39、62
美国加利福尼亚州 120—121
美国梧桐 92
美丽蝴蝶兰 109
美人蕉 39
门德尔松 88
萌发 18、28
孟加拉榕 121
米斯瓦克 70
蜜蜂 25、61、117
棉花 77—78、89
民族植物学 10
茉莉花 109
墨西哥 59、109
牡丹 39
木蓝 81
木乃伊 76
木栓 92、110
木贼 34、38、46、72

N

纳塔尔榕 77
南苏丹 84
泥炭藓 107
拟鹀树雀 45
鸟 20、25、45、66、116
牛蒡 31

O

欧芹 69
欧亚萍蓬草 53
欧洲白蜡树 92
欧洲红豆杉树 102
欧洲蕨 85
欧洲栓皮栎 110
欧洲菘蓝 81

P

攀缘植物 50
喷瓜 31
瓢虫 60
瓶尔小草 38
瓶子草 63
葡萄 39、69、80
蒲公英 30

Q

七叶树 32—33
气囊 53
气室 53
槭树 39
蔷薇家族 40
巧克力 69
茄子家族 40

青蒿素 106
青蛙 61
蜻蜓 60
秋海棠 39、51

R

染色茜草 81
热带雨林 50—51
人参 39
忍冬 39
日本 84、85、114
日本扁柏 85
肉豆蔻 109
肉食动物 60
肉质植物 48
乳香木 78

S

萨摩亚 99
塞舌尔 29
伞白桐 92
杀虫剂 112—113
沙漠 48—49
莎草 39
山核桃树 92
山毛榉 56、88、92
山药 38
山楂 28
山茱萸 39
蛇 60
蛇麻草 39
生物地标 116
省藤 106
石栗树 99
石松 34、38
食虫植物 62
食肉植物 44、62
食物链 60、67、113
食物网 60—61、112
授粉 24—25
水传播 30
水韭 38
水生毛茛 53
水生植物 52—53
睡莲 38—39
丝兰 78
松鼠 60
松树 10—11、38、56、87—88
松香 88
松叶蕨 38
苏铁 38

T

苔类植物 38
苔藓 85、107

炭笔 80
桃花心木 92
藤条 92
蹄盖蕨 38
天南星 38
天竺葵 39
甜菜 39、42、66、69
桐叶槭 30
土豆 41、74、100—101
土豆淀粉 80
土豆发电厂 100—101
兔子 61
菟丝子 54
团藻 38
托托拉苇草 110

W

未来农场 118
蜗牛 61
乌干达 77
乌鲁斯人 110
乌木 88
污染 112—113
无花果 39
无油樟 38
勿忘草 108

X

希波克拉底 106
仙人掌 39、48—49、89、109
纤维素胶 70
藓类植物 38
陷阱植物 62—63
香蕉 39
向光性 18
向日葵 39、54、114
橡胶 86、92—93、110—111
橡胶树 93
橡树 17、39、56、109—110
小地雀 45
小粒咖啡 68
小麦 41、66—67、94、118
蝎尾蕉 25
新西兰 103
绣球 39
萱草 39、71
悬铃木 39
旋花 20、39
雪松树 109
薰衣草 40、76

Y

鸭跖草 39
牙刷树 70

蚜虫 60
亚麻 11、76、80—81
盐麸木 39
演化 30、34、37—38、44、46、51—52、54、62
洋葱 39、81、104—105
洋蓟 21
耶利哥的玫瑰 49
椰子 30、77、78
叶绿素 16、55
叶绿体 14、16—17、51
异花传粉 24
异株荨麻 77
银杏 34—35、38、79
银叶蕨 103
英格兰 85、110
莺雀 45
罂粟 14—15、107
樱花 71
樱桃 31、40、80
鹰 61
营养级 60—61
有毒的植物 58
有机农业 112
榆树 39
玉米 41—42、59、66、70、118
玉米淀粉 42—43、69
预防医学 106
鸢尾 39
原木 87
月桂 39
月见草 39
芸香 71

Z

皂百合 78
皂苷 78
蚱蜢 61
蒸发蒸腾作用 115
植食动物 60
植食树雀 45
植物采矿 99
植物燃料 111
植物系谱树 38—39
植物纤维 76
植物饮料 68—69
植物之最 120—121
制浆机 87
智利南洋杉 38
竹子 41、77、84、89
紫萁 38
紫色风信子 108
梓树 71
棕榈 39、77、85、99、111
棕榈叶 85、99

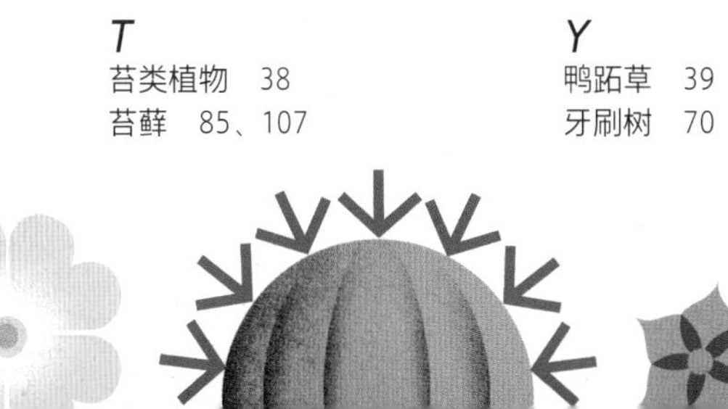